高等学校新工科数字媒体技术专业系列教材

新媒体概论：理论与应用

王松　王洁　蔡妤荻　编著

西安电子科技大学出版社

内 容 简 介

本书抓住互联网新媒体传播演化和发展的本质特征，分析了新媒体传播的基本规律、新媒体形态与应用创新、新媒体与传统媒体融合，以及新媒体产业发展趋势、智能传播与版权保护等最新现象，同时运用计算机模拟与仿真、系统动力学和数理统计分析等研究方法，结合互联网新媒体的典型案例进行分析，提供的知识翔实，案例新颖、生动有趣。

全书共 17 章，分为新媒体基础、新媒体应用、新媒体产业三大部分，适合作为本科生和研究生的教材或参考书，也适合专业人士参考，还适合希望更深入地了解互联网新媒体的读者阅读。

图书在版编目(CIP)数据

新媒体概论：理论与应用 / 王松，王洁，蔡妤荻编著. —西安：西安电子科技大学出版社，2022.9(2023.7 重印)

ISBN 978 - 7 - 5606 - 6634 - 1

Ⅰ. ①新… Ⅱ. ①王… ②王… ③蔡… Ⅲ. ①互联网络—媒体—研究

Ⅳ. ①G206.2

中国版本图书馆 CIP 数据核字(2022)第 157329 号

策　　划　陈　婷
责任编辑　陈　婷
出版发行　西安电子科技大学出版社(西安市太白南路 2 号)
电　　话　(029)88202421 88201467　　邮　　编　710071
网　　址　www.xduph.com　　　　　　电子邮箱　xdupfxb001@163.com
经　　销　新华书店
印刷单位　陕西日报印务有限公司
版　　次　2022 年 9 月第 1 版　2023 年 7 月第 2 次印刷
开　　本　787 毫米×1092 毫米　1/16　印张 9.5
字　　数　216 千字
印　　数　501～2500 册
定　　价　30.00 元

ISBN 978 - 7 - 5606 - 6634 - 1/G

XDUP 6936001 - 2

＊＊＊如有印装问题可调换＊＊＊

作 者 简 介

王松　杭州电子科技大学教授，博士、硕士生导师，新媒体研究所所长，浙江省网络界人士联谊会常务理事。主持和参与国家社科基金重大项目和国家自然基金重点项目10余项，发表专著6部。研究方向为数字经济与创新管理、互联网传播与治理。

王洁　厦门大学新闻学博士，杭州电子科技大学讲师，澳大利亚西澳大学访问学者，研究方向为网络与新媒体。

蔡好获　杭州电子科技大学传播学系讲师，南昌大学管理学博士。研究方向为文化管理、文化传播。中国民俗学会会员，江西省艺术陶瓷标准化委员会委员，景德镇东方古陶瓷研究会成员。

前　言

　　基于数字技术、网络技术和移动通信技术融合的互联网从诞生伊始到今天广泛应用于世界各国经历了 30 多年的时间。而基于互联网机制的层出不穷的新媒体传播和内容生产既深刻改变了人类交流与信息传播的方式，也直接参与了经济社会发展的革命性变革。尤其在中国，互联网的广泛作用与新媒体的不断发展导致我们在经济社会发展的一些领域跨越了时间与知识积累的鸿沟，处于世界领先地位，其代表性的成果就是被称为"新四大发明"的移动支付、网购、共享经济与高铁。"新四大发明"的产生与发展莫不与互联网技术和新媒体传播密切相关。

　　经过多年的发展，基于互联网的新媒体从形式到内容、从功能到技术都发生了深刻的变化。信息技术创新以及受众需求的拉动，使得新媒体也随着时间不断地演化，因此我们关于新媒体的判断和认知也需要不断地更新和发展，这也正是笔者写作本书的主要目的。

　　本书努力尝试从交叉学科的角度来理解新媒体传播和内容生产。新媒体传播在过去更多地属于人文社会科学范畴，很多学者从人文社会科学的不同角度，如社会学、新闻学、传播学、经济学以及管理学等角度解读新媒体，获得了一些重要成果，也存在着明显的问题和缺陷。互联网新媒体的研究是多学科融合研究的课题，技术作为重要变量对新媒体形态和内容产生了重要影响，而传统的人文社科研究缺乏对技术的理解和融合，不能将信息技术创新与新媒体内容编创的演化联系在一起，因而无法把握互联网新媒体发展的轨迹和脉络。另外，互联网新媒体的演化速度非常快，从形式到内容都不断发生着明显的变化，可谓日新月异，理论和实证研究很难跟上实践的脚步。

　　浙江省信息化与经济社会发展研究中心(浙江省哲学社会科学重点研究基地)新媒体研究团队近年来开展了关于互联网新媒体的研究，并将研究置于不同学科融合的交叉学科背景下，创新传统的人文社科研究方法，获得了一些成果。本书为作者团队近年来的研究成果。作者紧跟互联网内容与形态的创新实践，抓住互联网新媒体传播内容演化和发展的本质特征，即增强交互性、传受互动和人机互动，分析了新媒体的本质特征、新媒体形态与应用创新、新媒体与传统媒体融合，以及新媒体发展趋势与版权保护等新的问题，同时在研究中运用了计算机模拟与仿真、系统动力学和数理统计分析等研究方法，结合互联网新媒体典型案例进行分析，提供的知识翔实，案例新颖、生动有趣。

　　本书适合作为新闻传播学类专业本科生和研究生的教材或参考书，也适合专业人士参考，还适合希望更深入地了解互联网新媒体的读者阅读。

　　本书 2021 年获得杭州电子科技大学校级教材项目立项以及浙江省软科学研究计划重点项目"企业技术创新数字化转型——基于互联网开放式创新平台的实证研究"的资助(项目号为 2021C25029)。

王　松

2022 年 4 月

目　　录

新媒体基础篇

新媒体应用篇

新媒体产业篇

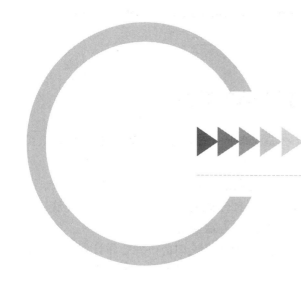

新媒体基础篇

- ◎ 新媒体的起源、发展与含义
- ◎ 新媒体的特征
- ◎ 新媒体的受众
- ◎ 新媒体融合
- ◎ 新媒体技术

第一章　新媒体的起源、发展与含义

1.1　网络与新媒体的起源

在我们谈论新媒体前，必须首先清楚什么是互联网。简单来说，新媒体就是基于互联网平台技术的传输与共享信息的媒介形态的总和。20 世纪最伟大的技术创新之一是互联网。在过去的一百年间，媒介技术的快速变化促进了社会进步，也带来了挑战。没有任何人类生活的一部分没有受到互联网新媒体信息传播的影响：家庭生活、政治、商业、宗教、教育、创新、国际关系等，都深深地刻上了互联网的烙印。

互联网起源于 20 世纪 60 年代美国军事部门与知名大学之间的研发合作计划。为了克服地理上的距离，能够较快地通过计算机交换和共享研究数据及其他信息，美国国防部高级研究计划管理局在 1969 年建立了高级研究项目管理网络（ARPANET），中文译名为阿帕网。ARPANET 是一个早期的分组交换网络，也是第一个实现协议套件 TCP/IP 的网络。ARPANET 中采用的分组交换方法是基于美国科学家 Leonard Kleinrock 和 Paul Baran、英国科学家 Donald Davies 和 Lawrence Roberts 的概念设计的。TCP/IP 通信协议由计算机科学家 Robert Kahn 和 Vint Cerf 为 ARPANET 开发，并纳入了由 Louis Pouzin 指导的法国 Cyclade 项目的概念。这两种技术后来都成为互联网的技术基础。随着该项目的开展，互连协议被制定出来。通过该协议可以将多个不同的网络连接成一个网络。1981 年，美国国家科学基金会资助计算机科学网络（CSNET），扩大了对 ARPANET 的访问。1982 年，在 ARPANET 基础上引入了作为标准网络协议的因特网协议套件（TCP/IP）。20 世纪 80 年代初，美国国家科学基金会又资助几所大学建立了国家超级计算中心，并于 1986 年与 NSFNet 项目实现了互连。该项目还使研究和教育组织在美国建立了超级计算机网站的网络接入。当免费的在线服务和商业的在线服务，如 Prodigy、FidoNet、Usenet、Gopher 等兴起后，NSFNet 成为互联网中枢，ARPANet 的重要性被大大减弱了。该系统在 1989 年被关闭，1990 年正式退役。

20 世纪 90 年代，媒介技术的蓬勃发展使人类社会逐渐步入信息化时代，以 NSFNet 为骨干网的 Internet 从发达国家开始，逐渐延伸到世界各地。基于互联网平台，新媒体发展中最突出的两种类型分别是网络媒体和手机媒体。它们不仅有着与传统媒体不同的传播模式，也融合了自身的发展特性，推动着媒介环境的深度变化。当前，新媒体的发展也深入到国家政治、经济、文化等多个领域。

中国互联网发展的开始以电子邮件的应用为标志。1986 年 8 月 25 日，瑞士日内瓦时间 4 点 11 分，北京时间 11 点 11 分，由时任高能物理所 ALEPH 组（ALEPH 是在西欧核子中心高能电子对撞机 LEP 上进行高能物理实验的一个国际合作组，我国科学家参加了 ALEPH 组，高能物理所是该国际合作组的成员单位）组长的吴为民，从北京发给 ALEPH 的领导——位于瑞士日内瓦西欧核子中心的诺贝尔奖获得者斯坦伯格（Jack Steinberger）的电子邮件（E-mail）是中国第一封国际电子邮件。

1989 年 8 月，中科院发起了国家计委立项的"中关村教育与科研示范网络"（NCFC），即中国科技网的前身的建设。

1989 年，中国提出建设四大骨干网络联网的目标。

1991 年，中美高能物理年会上，美国计划把中国纳入互联网中。

1994 年，中国第一个全国性的 TCP/IP 互联网——CERNET 示范网工程开工建设并于同年建成。

1998 年 CERNET 研究者在中国首次搭建起 IPV6 试验床。2000 年，搜狐、网易、新浪同一年在美国纳斯达克上市。

2002 年搜狐最先宣布盈利，互联网的广阔前景已经可以预见。2003 年下一代互联网示范工程 CNGI 开始进入实施阶段。同年，淘宝网进入人们的视野，进而发展成为世界上最大的 C2C 电子商务平台；支付宝在 2003 年下半年正式上线。

2004 年网络游戏市场的发展开始引人注目。2005 年博客出现。2006 年名为"熊猫烧香"的病毒在全网范围迅速传播，全球数百万台计算机都未能幸免。

2007 年国家大力支持电子商务行业的发展，将电子商务定位为国家重要新兴产业。

2008 年，我国网民数量超过美国。

2009 年移动社交网络的互联网时代开启。以人人网、QQ 为代表的社交网络广泛发展。2010 年大大小小的团购网站快速发展，其数量突破了 1700 家，团购的消费方式被年轻人所接受。2011 年微博横空出世并迅速深入生活的各个方面，政府、企业层面的微博发展迅速。

2012 年移动端网民数量超过 PC 端。同年 3 月，"今日头条"出现。之后的 11 月 11 日淘宝网监测数据显示淘宝和天猫全网交易成交额达到 191 亿元。2014 年打车软件"滴滴""快的"为了争取用户大打红包大战。

2015 年"互联网＋"的概念出现。2016 年 Papi 酱短视频的红火催生了一大批自媒体的出现。2016 年 5 月"罗辑思维"出品的得到 App 上线，其活跃用户达到 400 万。2016 年天猫"双十一"破纪录地再创新高，达到了 1207 亿元的交易额。2016 年 12 月 3 日，喜马拉雅 FM 发起的知识内容狂欢节，消费数额也超过了 5000 万元。

互联网及其媒体形态经过了多次迭代和演化。第一代网络新媒体以门户网站、虚拟社区以及搜索引擎为代表，其特点是通过互联网满足受众对于信息和知识的获取，并且不断扩张信息与知识的丰富性和无限性，但是其互动性、平等性、参与性和去中心性较弱。

在广大的互联网用户需求和技术创新的推动下，2003 年以后，以淘宝为代表的新媒体经济形态和以微博及社交网络为发端的新媒体社交形态极大地增强了互联网新媒体的交互性、平等性和参与性，将网络带入了 Web 2.0 时代。

2010 年以后网络新媒体的演化主要体现在内容创新、中心化形态消散以及与人工智能的结合上，内容生产领域发生了变革式的变化，最为明显的变化是"U＋P"成为内容生产主流。本书定义的"U＋P"，是指 UGC（User Generated Content，用户生产内容）和 PGC（Professional Generated Content，专业生产内容，包括专业机构、专业创作人员的内容生产）组成的混合型内容生产形态。它的重要价值与意义在于，专业化内容的制作已经呈现规模化的线上发展，解决了供给端的专业化问题。2015 年 5 月，百度开发出领先于谷歌、微软等公司的世界首个互联网神经网络翻译（NMT）系统。2016 年，百度开源了 PaddlePaddle 平台。开源 9 个月的时间，PaddlePaddle 话题数量就呈现上升趋势，并发展成为国际主流认可的人工智能开源平台。另外，百度还推出了自己的阿波罗自动驾驶技术开放计划，积极主动地向汽车行业及自动驾驶领域的合作伙伴提供开放、完整、安全的平台。目前，全球有 60 多家车企，超过 200 款车型与百度展开合作。中国庞大的互联网用户基数和丰富的应用场景构成了首屈一指的资源优势，加速了正循环过程，推动了人工智能场景和技术双翼发展。

1.2　新媒体的发展现状

全球互联网技术的快速发展与应用普及带来互联网渗透率的持续提升。根据世界银行公布的数据，如图 1.1 所示，2019 年全球互联网渗透率为 56.72％。根据互联网世界统计测算数据显示，2020 年全球互联网渗透率为 59.60％。截至 2021 年 3 月 31 日，全球互联网渗透率达 65.60％，较 2009 年渗透率提升 40.111 个百分点。

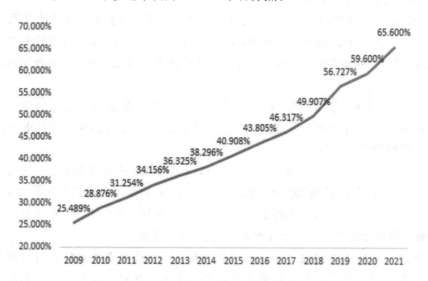

图 1.1　全球互联网渗透率/普及率

2010 年以来，全球互联网行业进入高速发展期。根据世界银行及 IWS 公布的数据显示（如图 1.2 所示），2009—2021 年，全球互联网用户数量持续高速增长。2020 年全球互联网用户总数为 46.48 亿人；截至 2021 年 3 月 31 日，全球互联网用户数量达到 51.69 亿人。

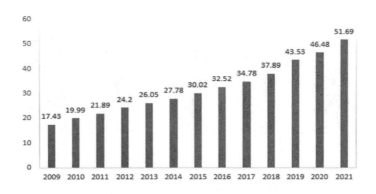

图 1.2　全球互联网用户数量

根据 W3Techs 监控数据，访问最多的万维网网站中，使用英语的页面占比超过了一半。其他语言主要是中文、俄语、西班牙语、德语和土耳其语。如图 1.3 所示，截至 2020 年 3 月，互联网上使用英语的人数占比为 25.93%，使用中文的人数占比为 19.42%，使用西班牙文的人数占比为 7.91%。

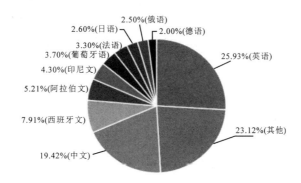

图 1.3　全球按使用语言划分互联网用户规模分布

分区域互联网普及情况来看，截至 2021 年 3 月 31 日，北美地区互联网渗透率最高，达到 93.9%；其次为欧洲地区，互联网渗透率为 88.2%。2021 年全球国家/地区互联网普及率排名中，阿拉伯联合酋长国以 99.0% 的互联网普及率排名第一；其次为丹麦，普及率为 98.1%；第三为瑞典，普及率为 98.0%。中国香港以 92.0% 排名第 13；中国台湾以 90.0% 排名第 19；中国以 65.2% 排名第 40。从全球互联网普及情况我们可以看出，互联网普及率正在不断提高，其中北美、欧洲互联网普及率均在 90% 左右，而非洲互联网普及率仅为 43.20%，全球互联网发展区域差距较为明显。在全球互通、万物互联的大趋势下，全球互联网普及率进一步提高是未来需要继续努力之处。

我国十亿多网民构成了全球最大的数字社会。如图 1.4 所示，截至 2020 年 12 月，我国网民的总数已占全球网民的五分之一左右。"十三五"期间，我国网民规模从 6.88 亿增长至 9.89 亿，五年增长了 43.7%。截至 2020 年 12 月，我国网民增长的主体由青年群体向未成年和老年群体转化的趋势日趋明显。网龄在一年以下的网民中，20 岁以下网民占比较该群体在网民总体中的占比高 17.1 个百分点；60 岁以上网民占比较该群体在网民总体中的占比高 11.0 个百分点。未成年人、银发老人群体陆续触网，构成了多元庞大的数字社会。

图 1.4　我国网民规模和互联网普及率（单位：万人）

如图 1.5 所示，截至 2020 年 12 月，我国城镇地区互联网普及率为 79.8%，较 2020 年 3 月提升了 3.3 个百分点；农村地区互联网普及率为 55.9%，较 2020 年 3 月提升了 9.7 个百分点。城乡地区互联网普及率差异较 2020 年 3 月缩小 6.4 个百分点。

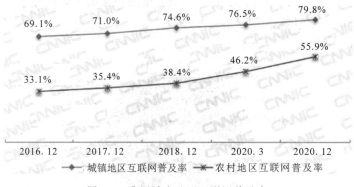

图 1.5　我国城乡地区互联网普及率

1.3　新媒体的含义

　　什么是新媒体？互联网、手机、户外媒体、移动电视、计算机游戏、CD-ROM 和 DVD、虚拟现实，这些都是新媒体吗？以数字形式或者在网络上播放的电视节目是新媒体吗？使用 3D 和数字技术制作的电影是新媒体吗？还有图像图片、文字等，在计算机上制作然后印在纸上，这些算新媒体吗？

　　目前，世界上对"新媒体"的定义还远未统一。美国的列夫·曼诺维奇（Lev Manovich）认为，"新媒体将不再是任何一种特殊意义的媒体，而不过是一种与传统媒体形式没有相关的一组数字信息，但这些信息可以根据需要以相应的媒体形式展示出来"。清华大学新媒体研究中心主任熊澄宇教授认为"新媒体是个相对的概念。例如，相对于报纸，广播是新媒体；相对于广播，电视是新媒体；相对于电视，今天的网络又是新媒体"。当然，在一定的时间段内，新媒体的内涵有其相对的稳定性。一般来说，新媒体是指 20 世纪后期在信息技术发生巨大进步的背景下，以数字技术、通信技术和网络技术为基础，以互联网为代表的具有跨越时空性、即时性、互动性、传受一体性等特点的新型媒体。就其外延而言，新媒体主要包括基于电缆宽带连接的互联网、基于无线传输的移动互联网、基于都市的数字电视网、电子计算机通信网、包含户外的数字媒体部分、利用多媒体技术形成的广播网。换言之，所谓新媒体，是指利用基于数字技术传播相应的信息，并通过计算机设备和互联网来分批分配、展示信息的媒体形式。所以，利用计算机和互联网传播文字信息可以被看作是新媒体，如新闻网站和电子图书；相反通过纸张传播文字信息就不是。同样的照片，如果需要通过计算机来进行浏览则被认为是新媒体，而放在纸质图书中被传播就不是新媒体。

然而，新媒体的含义远比前文所述及的要复杂和深远得多。以计算机网络和数字技术为基础的媒介革命影响了信息传播的每一步，包括信息的获取、控制、储存和发布。以什么方式使用数字技术和计算机进行信息的采集、创造、保存和发布使得媒体成为了"新"媒体，这是我们需要理解的关键。

本书中，笔者认为所谓新媒体主要包括以下几个方面：

（1）基于固定互联网的新兴媒体。

互联网是新媒体的开山鼻祖，是一切新媒体发展的起点。互联网与传统媒体的主要区别在于信息传播形式的特征不同。互联网的传播形式极具数字化、互动性和跨越时空性，信息量的空间性能够不断扩大，从互联网的角度成型的门户网站、博客、网络视频、搜索引擎都便于用户使用相应的设备上传或下载信息，最大化地发挥了新媒体的互动性。

（2）基于移动通信技术的新兴媒体。

互联网和移动通信技术的有效结合，催生了智能手机和 IPAD 作为移动端设备的新媒体。移动端新媒体功能的扩大，不但使原来基于固定互联网的新媒体可以更方便地发挥作用，还引发了更多适合移动传播的新媒体，如微博、微信、手机游戏、手机出版等。这些都是典型的融合媒体形式，属于新媒体的范畴。自此，新媒体的自媒体性得到强化，个人信息的广泛传播能够方便地实现社会化共享。充分利用社交媒体的用户，可在移动设备端将自己的最新动态以文本、图片、视频发送到朋友圈、好友圈。微博和微信两款明星级 App 产品将移动通信技术和互联网有效地深度融合，成长为极具发展潜力的新兴媒体。

1.4 新媒体传播的基本模式

新媒体的传播模式是对传统媒体传播模式的创新，这种创新模式也是适应社会文化和关系发展而产生的，技术的进步使其成为可能。

传统模式下，基于"传播者—内容—受众群体"的模式效应，传播者在整个信息链上居于主导位置，内容的制作和发送都是由传播者发起的；受众群体被动接受内容的传送，所接受的内容大多是模糊的、难以区别的。在信息爆炸的现代社会，清晰而可识别的知识和信息传播是多数普通人的需求。原有的那种自上而下的，传播者很少而受众很多的传播模式越来越难以影响受众；这种模式下传播的信息的价值降低，甚至成为冗余的信息。

然而，在新媒体传播形势下，传播者发展成为一个大的平台，更多的传播者形成了多种类型的组织，发展成为内容扩散的聚集池。在这个聚集池中，受众群体不仅可以自己进行内容的制作，还能够直接进行信息的传播。作为内容的生产者，传播者应当制作出精美的内容来吸引更多的受众群体，使受众群体接收清晰可见的内容；受众群体也可以形成各自的组织积极参与内容的编辑。

　　与传统媒体相比，新媒体在很多方面实现了超越，主要体现在其传播特点、传播能力和传播效果等方面。

　　（1）在传播速度上，新媒体比以往任何媒体都快得多。在高新信息技术支持下，新媒体传播的速度不断加快。信息的收集和发布速度是导致传统媒体信息滞后的两大关键点，新媒体传播方式的快捷性显著地减少了信息传播的时间。传统的大众媒体，传播的信息内容要面临层层审核，信息要转化为文字、图片、影视等表现形式，报纸、电视新闻等的制作发行也需要一定的时间，如此这般，各个环节都延长了信息的传播时间，导致信息的滞后。受众群体在进行信息反馈的时候也面临信息发送的延迟。智能手机设备和互联网的有效结合，利用移动通信技术加工后的信息可得到迅速发送和传播，其收发甚至可在同一时间进行。这也意味着，新媒体的出现，突破了信息传送的时空限制，用户只需要终端设备和互联网便可以进行快捷的信息沟通和交流。

　　（2）新媒体的出现提升了信息传播量。新媒体集合了大量的信息，联结了无数个庞大的数据库。从总体上看，网络媒体可供利用的信息是"源源不断"和充分的。唯一限制新媒体发展的是计算机和移动设备的储存空间以及网络的带宽。一般来讲，只要设备满足条件，新媒体平台可以存储世界上各类大容量的有效信息。此外，新媒体还具有"易检索"的特点，基于搜索引擎人们可以搜索到需要的信息。

　　（3）新媒体最大化地体现了包容性、平等性和参与性。在这个平台上，所有参与者的意见都可以进行传播，关于社会各个方面的观点和信息得到最大程度的包容。素人也可以利用手中的智能设备形成属于自己的平台，发出自己的声音。在进行信息的沟通时，没有任何一方比另一方更高贵。自以为掌握控制权的一方如果一意孤行往往会遭到多数人的反对，最终失去话语权。自媒体、公民媒体等这些新媒体的名称无不体现着新媒体最为显著的特点——平等参与。新媒体时代的发展，不仅促进了网民地位的提升，也形成了全新的文化氛围和新媒体生态环境。

1.5　新媒体传播的热点和趋势

　　近年来，人工智能技术得到迅速发展，也越来越广泛地被应用于线索发现、信息采集、内容的生产和分发、效果反馈等各个传播实践环节。算法与新闻的结合，是人工智能进入传媒业的主要方式之一。目前，算法新闻集中体现在机器写作（算法内容生成）和个性化推荐（算法内容推荐）这两种新闻实践上。彭兰（2018）将人工智能推动的传媒业变革称之为智能技术驱动下的"新内容革命"。智能化技术正在进入内容行业，并促使内容生产（以智能化、人机协同为特征）、分发（以算法为核心）、消费（个性化与社交化交织、消费与生产一体）等全面升级。三者相互渗透、相互驱动，集成了内容生产、分发与消费的平台，也在逐步构建全新的内容生态。

　　算法流行的可能风险和问题包括：一是引发信息茧房的效应；二是算法中的偏见或歧视对人们社会资源与位置的限制（将人们因禁在偏见与歧视固有的社会结构中）；三是算法在"幸福"的名义下对人们的无形操纵（在个性化服务的"伺奉"下，个体逐渐失去自主判断与选择能力，越来越多地被算法或机器控制）。

　　进入社交媒体时代，特别是微信的快速发展，造就了一种人们以"群"的状态存在的生活方式。微信群作为社区传播基础结构的重要部分构建了新型的网络化社区，持续的线上、线下的互动形成了社区成员之间的"弱关系"，从而结成互助、互惠的社会关系网络。社交媒体建立了一种新的场景。微信构建了一个虚实交融的自由场域，在这一传播场域中，用户的人际交往范围得到了有效拓展，人际传播体验和效果也更加明显。微信在有效维护用户既有人际关系的同时，实现了社交影响力的全面提升。目前信息与社交已成为密不可分的整体，"弱连带、强社交"正在成为新的社会交往模式。社交媒体的崛起、人际传播的复兴，都是源于并最终着眼于社会关系的重建和再生产。

最后，粉丝、网红与短视频传播成为最显著的传播热点之一。互联网所提供的技术和场所保证，使得粉丝的分享性和创造性得到了最大程度的激发和满足。大众媒介文化的高度发达，使得粉丝对象的范围和数量快速增长，促使粉丝规模爆炸性扩大的同时，也给粉丝群体之间带来了竞争，使得粉丝群体的活动开始变得更有组织性和目的性。

与粉丝文化相伴而生的是近年来蓬勃发展的网红现象——它既见证了微观个体命运的戏剧性变化，又体现为一股强大的经济社会力量。通过对网红现象的历史比较研究，发现其存在三类不同逻辑生成机制，即网络虚拟空间的公共广场效应、网络交往的社群化模式以及资本市场的商业打造。而网络走红的社会影响逐渐从文化社会领域过渡到经济领域，并伴随互联网经济的兴起而衍生出网红经济的商业模式。

2017 年短视频迎来了爆炸式的发展。近些年来短视频依然热度不减，直播、社交、新闻、照片、音乐、知识问答等各领域新进入者络绎不绝。全面爆发的短视频行业，已由文化领域成功延伸到经济领域，在表现出巨大的商业价值和全新的商业机制的同时，也吸引了资本和互联网巨头密集进场，进一步催化了原本就已经非常激烈的市场竞争。短视频平台的崛起，正在改变"看"文字或图文——这种人类数千年最基本的阅读形态，短视频已经成为移动终端最火爆的阅读形式。由此，短视频在实现对文字阅读的低成本替代、潜在改变人们的阅读模式的同时，也正在为出版与传播领域带来一场深刻的变革。

本 章 习 题

1. 什么是新媒体？新媒体传播是如何起源的？
2. 新媒体传播的基本现状是什么？
3. 新媒体传播的基本模式是什么？
4. 新媒体传播的热点和趋势是怎样的？

第二章　　　新媒体的特征

对于新媒体的概念，学界仍存在争议。网络媒体刚刚面世时，人们称之为"新媒体"，但国内微博、微信等互联互通的应用以及国外 Twitter、Facebook、Instagram 等社交媒体的使用，以及跨越媒体平台的移动互联的 App 和各类媒介应用不断丰富着新媒体的概念和内涵，为新媒体的理论和实践提供更多的外延。

匡文波认为新媒体是指借助计算机来传播信息的载体。按照这个概念，网络媒体、智能手机以及未来的智能电视都属于新媒体的范畴。一般来说，新媒体具有以下六个特征。

2.1　以数字化为基础

新媒体的出现源于传播技术的革新，因此其根本的特点是数字化，其他特点都以此为基础。在互联网环境下，数据的输入、输出、存储、运算均以数字方式表示，信息的生产方式数字化，以比特的方式来呈现文字、图片、视频、音频信息。信息流的传输以数字流为基础，以有限数"0"和"1"的组合和排列的代码显示。

同时，网络传输数据的能力，一定时间内通过网络链路的数据量，即每秒传送的比特量，也就是带宽在迅速扩展。最初的 Web 1.0 时代，音频和视频信息的传送由于带宽限制，传输受阻。移动通信技术的发展历经 1G、2G、3G、4G 阶段。1G 模拟通信系统以模拟语音调制技术为基础。2001 年，中国移动全面停止使用模拟移动电话网络。2G 进入数字蜂窝通信阶段，GSM 是首个商业营运的 2G 系统，其信息传送以数字传输为基础，传送速度和系统容量较 1G 均有所提升。3G 以移动宽带技术为基础，采取国际 WCDMA、CDMA2000 标准以及国内的 TD-SCDMA 标准，允许数据快速传输流通，传送速率较 2G 技术进一步提升。而 4G 通信以高速融媒体传输技术为基础，集成 3G 和 WLAN，是大带宽和高容量的高速蜂窝系统。

移动通信技术从第一代模拟手机时代发展到如今的宽带移动网络时代，多媒体信息能够以高达 100 Mb/s 的速率传送。信息生产的数字化、传送带宽的增加带来了信息量传送的无限制；数字化伴随着巨量信息的传播，也带来信息批量复制和传输过程中即时传达的便利。同时，信息的数字化生产和人工智能技术的飞速发展使新闻的机器生产、网络虚拟主持人播报、虚拟新闻发言人等虚拟信息生成方式产生，并对传播过程中传播者与用户的角色互动产生影响，瓦解了传统大众传播过程中的传播者与受众的角色定位，深刻地改变了信息交流和社会生产生活的方式。

2.2　互　动　性

新媒体传播，尤其是社交媒体，具备人际传播和大众传播的双重性质。

以往的报纸、广播、电视等大众传播的过程中，信息的传播者是专业化和职业化的媒介组织，受众是分散的、异质的、广泛的社会上的大众。传播者运用传播科技，以产业组织的方式，对信息进行批量生产、复制以及传播。从传播过程的性质和传受双方的互动分析，其既是制度化的社会传播，又是缺乏即时反馈的偏于单向性的传播活动，受众难以迅速地通过正反馈和负反馈的方式，直接作用于传播者和传播进程。

然而，新媒体打破了大众传播和人际传播的界线，具有人际传播的性质。人际传播具有信息传输和接受方式渠道丰富、方式灵活的特点；具有传受双方反馈频繁、双向沟通的特点；是最为高效的传播方式，也是使用表情、姿态、语言等多媒体方式传播的活动。新媒体也具有人际传播的上述特点，而且在信息传播过程中参与者之间的互动性大大增强了。此外，新媒体的信息生产和消费的过程界线不清晰，信息用户彼此之间，传播者与用户之间，利用微博、微信、论坛、公告板、网络视频、网络游戏等方式实现即刻的互动。新媒体既是信息交流和传送的重要渠道，也是文化传承和社会协调的手段。就微观的传播过程而言，网络表情包、网络热门语言等网络传播方式的创造和使用，表达了语言之外的意义，丰富了新媒体的传播话语，进入了日常人际传播进程。微信朋友圈的自我表达和自我暴露，间接实现了人际传播的自我发展和自我完善的功能。

新媒体传播过程实现了用户与用户之间，信息生产者和消费者之间话语权的平衡。信息的传送方对于信息的控制不再是单向的和线性的，传受双方各自作为主体，身份是互相转换的，反馈是在传受双方之间即时进行的。不仅信息的交流是双向的，而且参与传播过程的双方甚至多方对于信息传播环节都有　定的控制能力。内容运营商将自己定位为联结信息内容和用户的中介和桥梁，以商业意识运营、链接用户和内容。例如，信息内容聚合商今日头条，通过大数据分析、云计算等先进技术，可以不被用户知觉地记录用户浏览的时间、网页记录、网页停驻时间以及用户偏好的信息类型。用户可以自由选择浏览或不浏览网页，自由地发表评论，浏览他人的评论并随时互动。运营商在向用户推送的移动页面和内容呈现末尾均设立了按钮，用户可以在点击之后，表达对信息咨询是否感兴趣以及不喜欢的理由，即用户能够即时进行反馈，以便运营商借此分析用户行为，更好地推送信息。

新媒体传播进程中，大众传播的制度化生产特点和人际传播的非制度化生产特点兼具。以多元符号表达的视频节目观看来说，观众的自主选择取代了传统主流媒体的节目单，各类屏幕数字终端使得综艺或电视剧等传统电视市场的节目价值不仅要通过收视率来衡量，而且要通过优酷、土豆、YouTube 等网络视频聚合平台的点击量、观影量以及搜索平台的搜索量来衡量。

新媒体环境下，人人拥有麦克风，人人都能自生成信息内容，内容产业的制作和传送主体突破了专业媒介机构的范畴。新媒体打造了规模庞大的、新的、分散的传播主体，数字信息的采集和获取已经不是专业传媒机构的专利。数码相机和智能手机等数字设备的市场表现符合摩尔定律，其价格更加低廉、功能更加丰富。这一类数字设备的快速普及，使图片、图像、视频的采集变得更加容易。网络平台的各类数字编辑教程和图片编辑宝典，以及开源的各类数字信息编辑 App 的运用等综合因素，促使数字信息的生产门槛降低，数字信息的传送操作更加"傻瓜"，只需要点击发送按钮就可以实现。信息传播过程中，用户可以自由选择感兴趣的话题和小组，这就改变了传统媒体带有强制性质的单向度的信息传送和受众的被动接受。

2.3　突破时空界限的即时通信

信息生产、制作、传输和接收的数字化是新媒体的根本特点，其他的特征均以此作为基础。基于数字技术的通信技术的发展，带来了信息生产量的增加和信息传送速度的提高，进而打破了地理区域的限制，突破了时间的约束。

按照媒介的补偿机制，任何一种新媒介的出现都是对既有媒介不足的丰富和完善。

新的媒介扩大了社会传播的范畴，改变了社会文明的表达和呈现方式。传播技术对媒体平台的时空限制不可避免，电报技术塑造了新闻写作的倒金字塔结构。新的传播技术革命消解了传播的时空限制，打破了传统信息生产机构的话语霸权，以及对于媒介占有形成的知识特权和信息特权。就物质的空间传送而言，物流是市场营销进程中重要的环节；而对信息的空间传送而言，传播技术使得地球变成地球村，空间距离被大大压缩，物理的空间区隔功能变弱，区域之间、国家之间的限制趋于减少。但是，跨文化的传播对政府的国家治理和社会的文化安全也提出了挑战。不同时空的文化相互碰撞，赋予社会大众新的认知和叙事方式。诸多新媒体应用的不断面世，正为人类文明的进程带来崭新的发展方向。

2.4　超文本形成链接，互联互通

超文本是指将信息单位组织到用户可以选择的关联中，是一类非线性地存贮、组织、管理和浏览信息的计算机技术。其信息呈现方式数字化，信息与信息之间关系的建立和表示通过超链接实现。这一技术以信息的互相关联展示真实世界的系统和知识，大大拓展了信息组织的方式和信息用户的思维地图。信息选择和控制权总在用户手上，信息内容之间彼此通过超文本链接连接，为人与机器的交流提供了一种新的、更符合用户习惯的方式。数字使得信息呈现的方式越来越随心所欲，更好地满足了用户的需求。语音、文字、图像、图片、视频等符号之间的界线被数字化打破，各类符号之间的任意转化和互联互通是大势所趋。

2.5　媒体平台的开放性

新媒体搭建开放的内容平台。开放和共享是互联网与生俱来的基因。开放意味着内容平台的自由接入和输出以及用户上传和下载、浏览内容的便捷。

新媒体平台的应用和表现形式在不断改变。手机媒体出现时被称为第五媒体。当时有很多人认为手机短信、手机报是手机传播的主要表现形式，现在回看，那不过是由于技术发展的限制带来的一时的景观。现在，千元智能手机大范围普及，其功能类似于掌上电脑，是一个数字媒体终端。数字信息的采集、编辑和传送、接受过程均可以通过手机实现。

新媒体是面向制度化的媒介机构和分散用户个体的开放平台。基于用户群体，即传统的受众或是信息的接受者的自生成内容备受关注，如网络长评、微信公众号的评论、用户上传的视音频信息等。当下，新媒体的运营机构正在不断加强内容平台的开放建设，实现对原创内容生产的激励。以互联网龙头企业腾讯为例，2017 年 11 月，腾讯发布内容生产促进计划，斥资百亿元，以"一点接入、全网接通"为诉求点，将集团所属的高流量互联网应用界面，包括全民 K 歌、视频平台、社交平台、直播平台、新闻平台等全面整合，以此鼓励内容创作者，促进内容生产和发行、内容盈利的生态产业链的建成。新媒体内容的数字化和网络互联平台的运营，沟通了内容创作的上游和下游受众的需求，为打通众多大流量的数字传输平台搭建了桥梁，内容创作者不再需要到每一个平台注册账号来登录接入。多个内容数字平台的整合实现了用户与内容创作者的更好联结。

2016 年以来，互联网知名企业百度、阿里、腾讯、今日头条等纷纷推出了各种针对内容生产者的扶持策略，通过技术赋能，运用社交媒体时积累的大数据，挖掘用户心理和行为偏好，推送用户感兴趣的内容，帮助产业链的上游寻找和定位用户喜好，顺应市场潮流，生产出受用户欢迎的内容。

又如近年流行的 IP 热和 IP 的全媒体平台开发。网剧发展如火如荼，影视生产平台与网络平台、电视平台相互结合，影视剧的制作依托网络文学和已有的热门作品。企业热捧 IP，对 IP 的投资规模空前，IP 价格暴涨，其实质都是跨媒体平台的内容运营。热门 IP 前期经过网络传播的筛选，集聚了口碑，具有庞大的用户群；投资方借助成熟的 IP 吸引大量的用户，降低了投资风险。

新媒体平台的开放不仅实现了信息的全媒体传播，也实现了信息内容的深度加工和增值，促进了产业链的整合。

2.6 人工智能性

智能互联网以 5G 宽带网络和智能设备为基础。传统认为，移动通信和互联网形成为移动互联网，而在 5G 时代，移动互联网正在向智能互联网转变。依托智能设备，基于智能手机属性的大量 App 被开发和上线，覆盖移动支付、出行交通、新闻获取、金融理财、电子商务、学习办公等各个领域。以智能手机为代表的新媒体成为主流媒体，深度渗透大众的休闲、娱乐和工作。以移动支付为例，2020 年年底，我国网络支付用户规模达 8.54 亿，占网民整体的 86.4%。

与人工智能理论有关的机器学习、深度学习理论无不以算法为基础，其本质均为算法。在新闻传播领域，算法不仅是新的传播技术，更是生成媒介话语权的方式。人工智能的完成和实现以机器学习为基础，机器学习使用算法分析数据，并据此进行预测和决策。深度学习是机器学习的一个分支，是对大数据进行高层抽象的算法。人工智能革命的本质是算法革命，汝绪华认为算法（Algorithm）是解题方案的准确而完整的描述，是一系列解决问题的清晰指令，算法代表着用系统的方法描述解决问题的策略机制。换言之，按照计算机的理论，算法是给定一组输入，根据某种逻辑和规则得出一组输出。

算法及算法的运行是一个动态系统进程。算法运行过程中实时收集数据，哪些信息最受用户欢迎，人工智能会自动提取关键词，自动分析和总结数据受到用户欢迎的信息内容的特征。由于算法掌握大数据，并在超大数据的基础上进行优化和学习，其决策的结果越来越准确，相比人类的调研也更精确。

算法在当下的商业运用中更多强调商业价值的功利性，而忽略价值理性。以今日头条为代表的内容聚合平台和以抖音、快手为代表的短视频平台无不以算法作为内容分发的基础，根据用户的信息接收偏好和既有浏览数据向用户定向推荐信息。算法总结最受用户欢迎内容的特征，迎合用户偏好。例如，今日头条按照一组既定规则推送上亿数据，其中 5 万条点击量最高，根据算法以点击量为指标的预设，人工智能根据分析结果来推送信息。用户越喜欢，内容供给方就越会加强这类内容的供给。精准的大数据分析带来了信息内容供给和信息内容获取、信息内容转发三个层面的马太效应。实际上，算法的工具理性可能带来的信息茧房和回声室效应已引发学界的广泛关注。

以人工智能、机器学习、移动边缘计算为代表的新科技集群正在重构新闻生产和价值传播格局，促使舆论生态、媒体格局、传播方式发生深刻变化，新闻舆论工作正面临新的挑战。运用信息革命成果推动媒体融合向纵深发展，使主流媒体具有更强大的传播力、引导力、影响力、公信力，将是传统媒体面临的重大考验。适应媒体发展的移动趋势、社交趋势以及智能趋势是传统媒体转型的方向。以融合创新为策略，打造新型主流媒体是传媒产业发展的趋势之一。

信息生产进程中，无论是媒介机构的制度化参与，还是自媒体用户的自行生产，都带来庞大的信息量。智能手机、iPad、Kindle 等数字终端的普及带来信息生产和传播的便利，信息更新的速度也更快。新闻本就是时间的易碎品，在新媒体环境下，新闻价值的时效性显得更加重要。一周前的新闻热点话题可能早就为人们所遗忘。新媒体环境下，信息的巨量带来信息轰炸，加剧了信息理解的难度，促进了用户对信息的选择性遗忘。然而，信息获取的便利，也带来了信息筛选的困难，淹没在杂乱的信息海洋里的危险并不比信息贫乏低。可以预见，新媒体的应用形式和表现将会不断地革故鼎新，新媒体一对一传播的点状传播方式和多对多的网状面上传播方式的融合，将促使社会传播进程中多元传播主体、传播过程智能分发以及用户分化等特点表现得更加明显。信息传播秩序正在不断改变中，传播理论将不断受到冲击。

本 章 习 题

1. 简述新媒体的特征。新媒体给信息传播秩序带来了哪些改变？
2. 为什么数字化是新媒体的根本特征？
3. 什么是算法？算法对信息传播有哪些影响？

新媒体的受众

麦奎尔认为受众一词起源于古代体育比赛、早期公共戏剧与音乐表演的观众,与人们聚集于某一特定场地有关。在互联网这一新媒体形态未出现前,受众是传播理论中对于信息接收方的总称,指作为某种媒介传播渠道的回应。报纸的受众称为读者,电视的受众称为观众,广播的受众称为听众。传播的线性模式认为,受众构成传播过程的基本要素,受众是信息的接收方。一般认为,传播效果研究是大众传播理论中研究成果最为丰富的部分,而传播效果能否实现取决于受众的反应和行为。受众是决定传播效果和传播活动成败的关键。受众的动机、需求和偏好,受众行为的分析备受媒介研究学者的关注,受众理论从信息传播者一方转向信息接收一方的发展趋势显示出受众对于传播过程控制的强大力量。

3.1　受众观的变迁与发展

1. 受众与大众

19 世纪末,西方许多国家都完成了资产阶级革命,确立了不同类型的资本主义制度。与此同时,普通民众参政议政的热情越来越高,对各种事关社会民生的事务及其信息越来越关注,报业开始大众化,竞争激烈。报业大王赫斯特在所经营的报纸《纽约新闻报》上大量刊登耸人听闻的新闻和引人入胜的内幕,在与普利策《纽约世界报》的报业竞争中,黄色新闻泛滥。最初的大众媒介理论是作为对这种报业实践的回应而发展起来的。这一时期的大众媒介理论是对迅速成熟、高度竞争的媒体行业过度竞争和竞争失序的反映。

19 世纪末 20 世纪初期,工业化的社会秩序对快速有效的信息传播存在巨大需求,大众传播媒介技术持续创新的结果打破了传统的社会等级秩序以及社会圈层,社会成员的统一价值标准和行为参照体系不复存在。大众表现出孤立的、分散的、类原子的存在。大众被视为孤立的个体的集合体,而不是社会团体。受众是社会上的普罗大众。受众的特点是:规模巨大,超越其他社会集团;地理位置分散,彼此异质,分散于社会各个阶层,成员的社会属性各不相同;没有组织结构化,其行为多受外在力量的影响,容易被操纵和控制;大众成员之间素未谋面,互不相识、身份不确定及具有匿名性。

大众社会论是对西方工业社会进行全方位的考察,它赋予媒体的是一个有影响力的但在很大程度上是负面的角色。它认为媒体有能力深刻地塑造我们对社会乃至世界的看法,并经常在我们无意识的情况下操纵我们的行为。这个理论认为媒体的影响必须得到控制。

在受众个体层面,大众社会论分析了工业化社会瓦解传统社群结构、割裂社区的情感纽带的过程,该理论认为受众的个体呈现出类原子生存状态。而在国家与个体的社会关系维度，由于缺乏中间组织的瓦解，国家与个体直接面对面，国家力量足以深入社会内部，而大众又很容易为少数精英所鼓动甚至控制。在大众社会论的立场，受众是无助的、被动的，是缺乏自主性的。这一受众观无疑显示了大众传播的单向性，表达了大众传播媒介对受众和社会生活的影响力。大众媒介理论假定媒体能够直接影响普通人的思想，假定媒体的强大力量，甚至假定其足以倾覆基本的社会价值观，因而损害社会秩序，导致社会问题；因此为避免危险，媒体应为精英所控制。

2. 受众与社会群体成员

将受众视为社会群体成员的受众观，是与大众社会论相对立的一种受众观。该观点认为，受众不是孤立的原子，也不是个人的集合，而是分属于不同的社会集团或群体。这些集团或群体接触和利用传播媒介，但他们的存在并不以大众传播媒介为前提。

受众对媒介的选择、接触和利用是个人行为，但个体所在的群体利益和群体归属关系对个体的这一行为起到制约作用。作为群体中的一员，个体会选择性接触，即个体有选择地接触与自己的群体利益、群体规范、群体文化相符合的传播内容；同时，个体能够根据个体的政治、经济利益或价值观对大众传播的信息内容做出适应化的解释。1940 年，拉扎斯菲尔德研究选举问题，在美国伊里县展开实地调查，并提出假说。他认为受众就选举等政治问题进行决策时，其决定并不取决于一时的政治宣传和大众传播，而是基本上取决于他们所持的既有政治倾向。伊里的调查揭示了受众的态度和行动并不只受到大众传播媒介的影响，也会受到其既有政治倾向及现存社会背景的影响。

很显然，在这一理论基础上，受众在通过媒介接受信息时并不是不加过滤的，而是更愿意选择那些与自己的既有立场和态度一致或接近的内容加以接触，对与既有立场相左的信息内容表现出回避倾向。无疑，受众是具有能动性的，他们不仅会对信息加以选择，还能对其加以解释和改造。大众传媒也因此并没有随意支配和控制受众的力量。

3. 受众与市场

市场的受众理论将受众作为市场的构成要素，并将其视为信息的消费者及大众传媒工业的市场。这在当下，是非常常见的观点。19 世纪 30 年代，西方报业开启市场化经营、大众传媒向企业经营转型的过程中，这一观点就开始存在。从大众传媒的经济属性出发，受众作为市场或信息的消费者，受众的规模、人口统计学属性影响着传媒市场的表现。

受众是市场的受众观从媒介组织与受众的市场交易双方关系来定位受众。大众传播媒介不仅是先进的生产技术或工具，还是企业化经营的组织。该组织需要将所供给的信息产品或服务在市场上以商品交换的形式进行销售。因此，用于交换的信息产品或服务必须具备交换价值，能够满足作为消费者的受众的需求和欲望。由于大众传媒的市场供给活动中，市场准入者众多，因此，各个类别以及同一类别之间的大众传媒机构之间存在激烈的市场竞争，需要对消费者市场进行开拓和争夺。

在这一经营模式引导下，大众传媒业的信息产品生产商开始重视受众的需要，对受众的年龄、学历、收入、兴趣等人口统计学特征进行采集并加以分析，做出市场细分的决策。受众作为市场，即信息产品或服务的购买方或消费方，参与经济运行过程。作为市场的受众成分多元、规模庞大，对媒介的消费需求和消费行为存在差异，随着媒介的丰富化和新媒介的发展，市场细分应运而生。大众传媒机构针对不同市场生产满足不同受众需求的信息产品。点击率、点赞率、转发率，收视率、收听率等作为市场竞争力的量化评价指标，在各个媒介机构之间变得流行。例如，电视媒介按照受众的性别、年龄、文化程度、地域、收入差异等人口特征对受众进行细分，推出儿童频道、军事频道、经济频道等，对综合频道模式加以改革。在媒介品牌经营方面，以受众为中心投入预算以进行受众心理和受众市场的调查研究，大力推广媒介产品，采取整合品牌传播活动来培养和提高受众对于媒介产品的忠诚度。

受众是市场的受众观将大众传媒与受众的二元关系视为生产者和消费者的关系；将信息产品的生产、流通和接收过程视为市场经济运行行为；从传媒产业的角度，将经济利益放在优先地位。该理论一方面增加了对受众研究的关注；另一方面，将复杂的传播关系理解为交易关系，忽视了受众之间的内在社会关系及其内部的意识形态。

这一理论催生了传播政治经济学派的受众商品论。加拿大学者斯麦兹，从社会经济关系出发，认为传播的经济角度的研究是西方马克思主义的研究盲点，以往的批判传播研究重视传播的文化维度，忽视了传播的经济维度。他从大众传媒机构、受众、广告商三者之间的相互关系进行研究分析，揭示资本主义传播工业的运作机制。他认为媒介机构生产大量优良的媒介节目，用以吸引受众，并以受众关注度为基础，在媒介产品售卖给广告商的同时，将受众作为商品出售给广告商，从而获取利润。因此，大众传播媒介生产的商品包括信息产品以及受众，其真正商品在于受众。受众支付货币、付出劳动、消费广告信息、购买特定品牌的商品的劳动行为创造了商品的象征价值，但并没有获得劳动报酬。在斯麦兹的研究的基础上，许多学者进行了大众传媒机构、受众、广告商三者之间关系的探索。在新媒体环境下，数字劳工相关理论兴起。对于互联网平台企业政治经济学认为，受众作为互联网平台的内容生产者和消费者，其数字劳动受到社交媒体的剥削，平台企业剥削数字用户的无偿劳动，对用户的数字生产和数字消费行为数据化并商品化，通过大数据对用户进行精准广告投放，受众从"受众商品"转变到"数字劳工"。

3.2　精英与大众

早期精英主义的立场认为，受众都是群氓，属于乌合之众。因为其无知而缺乏理性，无视法律，品味和兴趣低级，常常被群体暗示以及群体感染等群体支配机制影响。大众传播以及工业革命生成了缺乏历史担当和义务精神的平庸的大众，大众所消费的大众文化是低下和庸俗的，大众文化冲击着精英文化，大众的崛起将挑战并压迫富有创造力、具备理性意识的少数的社会精英，导致道德水准的下降和国家的衰败。在英国学者阿诺德看来，文化是精英的专利，大众文化是精英文化的死敌。

第二次世界大战期间，德国学者麦海默深刻反思法西斯统治，试图回应社会失调和解释法西斯体制出现的社会原因。他认为自由放任与无计划原则之间的冲突造成了文化危机。大众传播为精英阶层提供了控制和操纵大众的手段，如法西斯对民众的宣传动员和煽动，使大众成为其理念的狂热支持者。大众文化将精英文化取而代之，在社会中占据主导地位。

第二次世界大战结束后，西方许多学者重新认识了大众。孔豪瑟认为精英与大众的影响是相互的，大众容易受到精英的操纵，而精英又容易受到大众的压力。文化工业日益发达，大众传媒业大量供给娱乐产品和信息产品，塑造了大众文化的同质性。美国社会学学者米尔斯在《权力精英》中分析了美国社会的权力结构及权力运作逻辑，指出美国并不自由民主，是军事首脑、公司富豪等权力精英而不是大众在治理美国，精英与大众深刻分裂，彼此之间矛盾重重，导致美国社会各类失调现象出现。

上述诸理论无视受众作为信息生产者和受众的主体地位，单一而片面地看待受众。对于大众的认识，大众社会理论常常持精英主义的立场，将精英视为大众的对立面，认为大众是弱小无力的、分散的原子，受众是被动存在的，接受精英的影响。从传统报纸、广播、电视等大众传播工业传播过程的单向性和社会功能而言，受众之于制度化的传播机构，相对处于弱势地位。而互联网以及移动互联网的兴盛，新媒体的崛起，彻底改变了受众的弱势地位。

3.3　受众的权利与媒介的权利

受众可以是社会群体的成员，也可以是商业经济中的市场。就传播过程而言，传者与受者是信息传送链条的两端；就文化工业而言，传媒与受众更像是"卖方"和"买方"，收视率、发行量、收听率等指标是衡量传媒机构和节目制作成功与否的唯一标准，传播的社会效益和社会功能被无视。受众既是文化工业的消费者，也是信息传输进程中享有权利的主体。

1. 受众权利

受众权利通常包含而不局限于以下权利：传播权、知情权、大众媒介接近权。

传播权指著作权人享有向公众传播其作品的权利。传播权包括表演权、播放权、发行权、出租权、展览权等内容。

传播权包括在传播和信息领域内有关的自由和权力，其中有些自由已被接受，而且被不少国家的宪法和法律认可；其余的也正在国际上得到积极的讨论。传播权是世界各国传播界有待取得一致观点的一个概念。各种传播的自由和权力运用都属于整体的传播权，常常受到限制和约束。

知情权是知晓自己所关心的信息的权利。这看似是很简单、很容易实现的权利，但其实是韵味深远的一项公民权利。我们的社会需要开诚布公的气氛，需要一个公正、公开、公平的制度平台，这样老百姓不仅能自由地选择自己的生活方式，也能自如畅快地获取到自己所需的各种信息。因此，一个现代化的媒体系统与对普通公众知情权的完整保护就至关重要。

这是一个多元资讯的时代，"让你知道得更多一些、更快一点"应该成为媒体的座右铭。我们期待媒体能与老百姓之间建立起一种互信、互通、互动的关系。而对知情权的保护更是媒体责无旁贷的责任。媒体既然是公众的信息载体，它就被法律赋予了正当的采访权、知情权与记录空间。

大众媒介接近权顾名思义是指社会成员均具有接近媒介、使用媒介自由发表言论的权利。媒体是社会公器，受众传媒接近权的实现需要物质基础，在传统大众传播体系里很难实现。而网络传播重构了传播生态，受众可以自由地通过智能终端阐述观点、发表意见、说明看法。同时，这项权力还意味着公共权力机构富有信息公开的责任和义务，其本质是大众传播媒介向社会公众开放。社会群体成员对于虚假报道或歪曲报道，有权要求媒体登载驳斥声明，澄清真相。

网络传播促进了传媒接近权的实现，提高了传受双方互动的效率。人际传播是真正的多媒体传播，而网络传播具有类人际传播特点，除了借助各类多媒体符号以外，能够真正实现信息的即时反馈，在物理条件上实现了反馈的技术基础。传媒接近权暗示了受众不是被动而是主动地选择信息。网络传播空间中，受众自发自觉地参与到事实真相的发掘和对事实的评论中，对传播机构客观上产生了制约。

新媒体突破了传播机构对于信息生产的特权，或者说，突破了传播机构的话语霸权。这也使信息源不局限于传播机构，这种信息源的多元建构有利于民主制度的实现。例如，新媒体准入门槛不高，不需要受众有很高的文化素养，即使受众不能识字，依然能够拍照发朋友圈，并不妨碍受众自由地表达思想感情。传统传播理论认为，信息生产过程中会经过把关过程，而把关的原则之一是符合传媒机构的利益，这种情况下，很有可能使得符合传媒机构利益而违背公众利益的信息得以表达和传播。

2. 媒介权利

媒介权利与受众权利相互关联，是从受众权利中衍生而来的。1951 年，国际新闻学会提出了自由采访、自由通讯、自由出版报纸和自由批评等标准，用以作为评价媒介权利的准则。

首先，自由采访引申为采访权，该权利意味着新闻记者对所发生的任何新闻事件有采访和发掘事实真相的权利。政府机构以及机关单位或是个体，应对新闻记者的采访活动予以便利。新闻记者的采编等正常业务工作不应当受到干扰。这一权利其实来源于受众权利中的言论自由权和知情权，专业的大众媒介和新闻记者可以作为民众的代表，发掘事实真相。采访权利是记者开展各项新闻活动的基础。在新闻业务的实际开展中，这项权利却常常被违反，出现组织机构不接受记者采访或不愿意面对社会大众的情况。

其次，自由通讯引申为自由通讯权，即无论新闻事件发生在国内或国外，记者有权将采访所形成的新闻优先传送至所属新闻单位，如果传递受阻，应视为对此项权利的侵犯。该项权利可从我国宪法规定的公民享有批评建议权、人身安全保障权推导得出。

最后，自由出版报纸和自由批评可以衍生为舆论监督权。舆论监督是民众参与政治生活的形式之一。舆论监督的主要对象应以公共权力为主，以国家各层级的权力机构和公务员为监督对象，以与公共事务和公共服务相关的人和事为监督对象。舆论监督可以从以下层面入手：对国家决策做报道和评论；对国家各级公务员的工作做报道和评论；对一切违法违纪的人和事做报道和批评。例如，《南方周末》的批评报道以及央视《每周质量报道》栏目，都取得了较好的效果。记者在运用此项权利时，尤其需要慎重，注重采访均衡，多方核实信息，保证新闻报道的真实性。记者进行新闻调查，展开正常范围的业务工作，实施舆论监督权利时，常是单兵作战，很容易遇到阻挠，甚至人身安全受到威胁。而作为个体的记者所享有的人身安全权既是宪法所赋予的一般公民权利，也是作为新闻单位员工的记者的基本权利，是法律对舆论监督权实现的保障。

新媒体带来传受双方权力关系的重构。一方面，之前被传播机构忽视或无视的社会现实或信息内容得以在网络上获得关注；另一方面，网络汹涌的舆情对政府和媒介权利实施了舆论监督。对媒介权利的监督不可能只依赖媒介的自律，必须突破媒介机构的话语特权。网络舆论力量通过众多网络事件彰显，网络舆情反转事件进展。互联网的开放和包容推动了网络舆情和网络监督的发展。网络跟帖、评论、转发多数是普通人有感而发，随意而为，对网络舆情的观察、监测和趋势预判日益受到组织机构的重视。

3.4　使用满足理论

　　早期魔弹论受到行为主义思潮的影响，将信息视为刺激因素，受众就是靶子，接触到信息的魔弹后，应声而倒；受众是被信息驱动的，对信息毫无辨别和防御能力，单向度地接受信息洪流的冲击，并由此认为大众传播具有强力效果。这一理论完全无视受众的自主性和能动性，也不符合客观现实条件下，受众对于信息的选择性接受、选择性理解和选择性记忆过程，受到广泛批评。

　　对受众的重视，以使用满足理论为代表。该理论由卡茨提出，重视受众的传媒接触动机和使用形态，重视受众对于媒介选择和使用的心理研究，认为受众使用媒介是有主体意识的主动过程，是为了达成自我满足。该理论认为社会因素和心理因素促成受众的媒介期待，受众进而进行媒介接触以满足信息需求。这一理论以受众为导向，视满足信息需求为测量大众传播效果的标准，明确了既存的信息需求对传播效果的约束功能，纠正了既往精英立场所持的"受众是被动的存在"的观念的偏差。广播媒介的使用基于竞争、获取知识、自我评价的需求；印刷媒介的使用基于获得社会威信、维持社交、获取外界消息、闲暇休息等的需求；电视媒介的使用基于情绪转换效能、人际关系效能、自我确认效能以及对周边环境监测的效能。尽管使用满足理论重视受众，否定了魔弹论，但将受众的自主能动过程局限于对媒介信息的选择范畴，未能充分体现受众是有着传播需求和传播权利的主体所具有的能动性。

3.5　受众到用户的转变

1. 新媒体用户的主体性与能动性

　　新媒体将改变一切。不管精英阶层是否愿意，它将消灭一种文化，创造另一种文化。受众到用户的概念转变，以及社会、学界、业界对于受众认识的转变是新文化正在被创造的表征。网络用户获取信息的方式如今大多是用户自主地从互联网中获取信息，对于内容的浏览和接受存在显著的能动特点，完全不同于既往大众传播媒介所采取的信息推送获取方式。互联网创造了互动的场景，人人都是信息的生产者和接受者。信息传播的方向由单向传播变成交互传播，由一对多的传播变成多对多、一对一以及一对多的网状传播，这从根本上改变了受众被动接受信息的地位。

2. 互联网平台重视用户的社交属性

　　新媒体环境下，用户需求直接作用于内容生产和媒介机构行为。社交媒体充分重视用户，以顾客满意战略为企业营销战略的首选，强化用户的社交关系链，增加用户粘性和依赖感，提高用户的让渡价值，加强媒体的社交属性，以开拓和保持用户。例如，微信支付为切入移动支付市场，与支付宝竞争，推出微信红包。红包可以加强人群的社交联系。线下高频交易支付中，微信支付是支付宝的有力竞争者，该产品基于人的社交需求而带动移动支付需求，重视支付的便利性，且深入农村市场。如今，在田间地头，街头巷尾，买菜、买早点，微信支付的应用已十分广泛。

3. 新媒体用户改变内容生产、制作和发行

在信息传播领域，用户介入、改变了内容生产、流通和发行的全产业链进程。例如，《纸牌屋》的出品方兼播放平台 Netflix 通过对 3000 万条用户搜索结果的分析决定了"拍什么、谁来拍、谁来演、怎么播"的问题。又如近些年数据新闻的崛起，英国卫报的大选报道，提高了用户参与度，允许用户自行选择条件查询政党政策，自行做出投票选择。我国国内各大门户网站也纷纷推出数据新闻相关板块，如网易的新闻数读、新浪的图解天下、搜狐的数字之道、人民网的图解新闻等。"大数据"是数据科学（Data Science）的一个高阶状态，数据新闻以数据挖掘为基础，要求数据以可视的方式呈现，内容汇流，并以多类手段表现内容，以增加信息的价值，使记者更好地讲述故事，用户更容易理解故事。数据新闻的生产和运作均以用户需求为中心，用户数据决定新闻的热度和排序。其依据用户点击热度、转发量、评论量来决定新闻版位和主次排序以至于重构新闻生产过程。数据新闻改变了新闻故事的讲述方式，增强了产品与用户的交互性，改善了用户体验，提高了用户满意度。但需要注意的是，新媒体只是工具，数据只是方法，用户的信息需求没有变。数据可以让用户自己搜索更多信息，允许用户确认记者工作的有效性，让更大的组织参与到后续的故事和行动中。数据新闻只是更好地讲故事的一种手段，可以吸引更多用户阅读所讲述的故事。数据新闻的崛起是用户构成的市场倒逼传媒机构再造新闻生产和编辑的过程。

4. 信息社会的新媒体用户

人类社会形态历经农业社会和工业社会，现在正在迈入信息社会。信息、物质和能量三者是社会运行的基本元素。人们越来越多地借助媒介相互沟通和交流，以至于没有人工的媒介人们就没办法去理解任何东西。在信息社会，信息获取和生产极为容易，这使得信息空前的丰裕。然而，信息的丰裕也带来了信息爆炸和信息过载的问题。传播科技的革命使信息总量大大增加，在无限的信息和有限的信息处理能力之间，人们陷入了信息无序泛滥的包围和压迫之中。各类完全出于传播者利益的垃圾邮件、广告邮件不仅造成了社会资源的浪费，也对用户造成了困扰。在新媒体环境下，受众表现得更有主观能动性，其称谓也变为用户，但信息的丰裕并不意味着用户有行为决策的更大自由，反而面临信息过载的难题。

本 章 习 题

1. 你认为使用满足理论在智能互联的媒介环境下仍具有理论解释力吗？
2. 简述新媒体用户的基本特征。
3. 简述受众的基本权利。

新 媒 体 融 合

随着新媒体技术的迅猛发展，新媒体用户数量逐年增加。2017 年 6 月，全球网民总数达 38.9 亿，其中，中国网民规模达 7.51 亿，居全球首位。国内网民中使用手机上网的人数持续上升，其规模达到 7.24 亿。至 2021 年年底，中国网民人数为 9.89 亿，互联网普及率达 70.4%，使用手机上网的网民在网民中占比 99.7%。网民总体中，农村网民规模为 3.09 亿，农村互联网普及率达 55.9%。

目前，学界对媒介融合的概念尚未有统一的界定。媒介融合这一概念最早由美国马萨诸塞州理工大学的浦尔教授提出，其本意是指各类媒介呈现出多功能、一体化的趋势。但此后，互联网逐渐与报刊、广播、电视等传统大众媒介融合，网络技术的推动又使媒介融合得以革新，形成了网络报纸、电子杂志、网络广播、播客、网络电视等新的信息传播渠道，并最终使得媒介融合成为构架媒介化社会的核心力量之一。

丹麦学者克劳斯·布鲁恩·延森认为：从历史的角度来看，媒介融合可以被理解为一种交流与传播实践跨越不同的物质技术和社会机构的开放式迁移。中国人民大学喻国明教授认为，媒介融合是指报刊、广播电视、互联网所依赖的技术越来越趋同，以信息技术为中介，以卫星、电缆、计算机技术等为传输手段，数字技术改变了获得数据、现象和语言三种基本信息的时间、空间及成本，各种信息在同一平台上得到了整合，不同形式的媒介彼此之间的互换性与互联性得到了加强，媒介一体化的趋势日趋明显。中国人民大学学者王菲博士认为，媒介融合是指在数字技术和网络技术的背景下，以信息消费终端的需求为指向，由内容融合、网络融合和终端融合的媒介形态的演化过程。北京大学的尹章池教授也认为，在当今的媒介融合趋势下，传统媒体在充分利用自身既有的信息平台和资源优势的前提下，介入、整合新兴网络媒体是其必然选择。

从以上定义可以发现，"互动"是新媒体发展的关键词。媒介融合以先进的数字传播技术为依托，各类媒介符号在此过程中有机地融合，各大媒体平台之间互联互通，界线趋于瓦解，多媒体信息内容为信息的立体呈现以及信息传播内容的个性化、分众化提供了基础。同时，新旧媒体之间的界限日益模糊，互动频繁，两者正在逐步实现优势互补和资源共享。其具体表现为：媒介形态的融合、媒介业务的融合、媒介产业的融合、媒介平台的融合和媒介法律规范的融合等层面。媒介融合是各国政府政策鼓励的方向，旨在提升本国媒体在国际上的竞争力。

毫无疑问，媒介融合是技术创新的必然结果。当下，数字经济迅猛发展，智能共享单车、支付宝、微信支付、银联云闪付等都是数字经济发展带来的日常应用。"数字经济是全球经济发展的新动能"这一观念已被各国达成发展共识。媒介融合带来数字经济的发展，而数字经济的发展则以数字经济与传统行业的相互结合为基础。如今，互联网思维和方法技术已被广泛运用于各行各业，云计算、大数据、物联网、AI 等新兴技术方兴未艾，持续推动着数字经济的发展。

4.1　媒介业务和媒介平台的融合

从经营形势来看，我国新媒体的发展，民间资本和民营的互联网公司占有较大的市场份额，拥有较多用户，而传统媒体依然占据内容生产的优势。从事新媒体产业的企业和公司往往以内容流通的平台和接入用户的终端作为主要优势。在新媒体商业领域，电商平台，如京东、淘宝等纷纷建立实体用户体验店，传统百货超市和商场如苏宁也纷纷开设网络销售平台。而在新媒体内容生产和流通领域，在传统媒体和新媒体的互补方面，如同电商平台和传统商业形态的竞争合作一样，新媒体公司千方百计去做内容生产，而传统媒体也极力去开拓新媒体平台。例如，主流媒体新华社、央视、人民日报等纷纷推出自己的客户端，而腾讯等网络公司也纷纷投资内容生产和制作。传统的影视制作公司纷纷涌入 IP 市场，发掘有庞大用户阅读量的网络文学市场。

新媒体不但改变了媒介的格局和生态，也推动着社会和政治经济格局的变化。以美国总统选举为例，罗斯福借助当时的"新媒体"广播开办了炉边谈话；肯尼迪借助当时的"新媒体"电视赢得了总统大选；特朗普在选举时，在美国传统主流媒体上没有获得比竞争对手更广泛的支持，转而着力于社交媒体，赢得了中下层选民的支持。

在移动互联用户占据较大比例的背景下，门户网站、传统主流媒体投入巨资，下大力气开发新闻 App 和手机 App，以抢占移动互联网的份额。例如，网易新闻 App、搜狐新闻 App，人民日报 App，中国网络电视台 App 纷纷上线；而民营科技公司，如今日头条 App 也通过内容整合和内容搜索，抢占移动信息消费市场。各类互联网应用更加强调对硬件设施的兼容性，使其能够兼容不同系统的智能手机和移动终端。传统新闻媒体几乎做法一致地推出了微博、微信以及新闻客户端 App 以扩大其影响力。媒体内容在不同媒体平台之间和硬件设备之间共享。互联网的早期应用，如邮件、博客、公告板等一度风靡，一些应用虽然具有聚集用户的广场功能，但信息在用户彼此之间的流动受到限制。而打通了不同硬件设备的社交媒体应用，如微博和微信不仅聚集用户，也提供了信息在用户彼此之间的流动度。不管是关注、评论还是转发、分享，都是社交媒体的基本功能，用户之间的相互关联和关注驱使信息以裂变速度传播，这个过程包括从单个用户内容的广播到用户粉丝群收听、转发和发言点评。信息的分享和散布背后是人际的互动。微博提供了网友们自由选择和信息交流的平台，搭建了人际互动和群体互动的社交平台，这一社交网络的建立并不依赖于传统意义上的线下的熟人。微博允许任意"关注"任何人，可能是陌生人，也可能是用户希望认识的人，通过这一社交网络，用户拓展了真实的人际网络。这类社交媒体突破了传统大众传播与人际传播的边界。

媒体融合是依托先进技术，各类媒体在内容、平台、业务、经营和管理、渠道等层面的深度融合。媒介业务融合使得多媒体形态的融媒体出现，而传统媒体与新媒体之间的渗透程度加深，互联环境下平台和流量备受重视，互联网企业，如盛大、百度、新浪微博等纷纷搭建平台。例如，新浪微博平台和地理应用，基于定位功能可以为用户提供出行等各类服务。

4.2　媒介内容和媒介文化的融合

传播媒介史就是人类文明史。多伦多派学者英尼斯指出，传播媒介是人类文明的本质所在，历史由不同时代占据主导地位的媒介形式所引领。媒介是予以事物意义的一种符号传播载体。传播媒介有两层含义，其一是指信息交流和传递的工具和载体，如电话、计算机及网络、报纸、广播、电视等；其二是指从事信息的采集、选择、加工、制作和传输的组织或机构，如报社、电台和电视台等。一方面，作为技术手段的传播媒介的发达程度决定着社会传播的速度、范围和效率；另一方面，作为组织机构的传播媒介的制度、所有制关系、意识形态和文化背景决定着媒介传播的内容及其倾向性。媒介融合带来的变化，是传播技术进化的一种表现。对媒介融合的研究不仅要关注媒介形态的变动，更要注意其所承载的传播内容和社会文化的融合。

媒介融合催生品质精良的媒介传播内容。不同媒介形态汇聚和融合后，会产生全新的媒介内容。在新闻报道领域，融媒体新闻以及数据新闻大行其道。融媒体新闻有两层含义：其一，对同一报道主题和报道内容的全媒体手段融合；其二，制作不同媒介形式的新闻报道，在不同类别的媒体平台上分发，满足不同受众群体的需求，不同类别媒体平台的综合报道相互配合，构成新闻报道的有机整体。融合性新闻内容丰富、形式多样，文字、图片、动画、音频、视频等多种传播符号融合，在印刷媒体、广播媒体、电视媒体、互联网、社交媒体等多种媒体平台上，形成多形式、多落点、多角度的新闻报道体系，能够为受众定制个性化的内容。

随着移动互联网、移动边缘计算、云计算等技术的运用，大数据在新闻报道领域得到广泛的采用。精确数理统计改变了传统新闻产品的面貌。对庞杂的新闻原始素材和数据进行统计、清洗、筛选以及挖掘，以生动形象的可视化方式向受众呈现，数据新闻随之产生。以新华网为例，新华网在 2012 年启动数据新闻栏目，2014 年对栏目进行改版，2015 年获得中国新闻名专栏，2015 年栏目再次改版，2017 年，新华网数据新闻作品《征程》荣获中国新闻奖一等奖。

数据新闻重构了新闻生产的采访、写作和编辑流程，将生产源于数据采集、挖掘和数据分析，是一种以数据作为生产基础的新闻制作方式。数据新闻通常用以表现以数据说理和表达的深度报道、调查报道或全景式报道。数据新闻将枯燥的数据用多媒体的技术手段形象化、视觉化地呈现，用交互的方式传递新闻信息，使其容易为受众所理解和接收。此外，数据新闻用数据说话，其报道方式相对精确、客观、理性 。

虽然以数据为基础，但数据新闻的生产目的并不在于传递海量数据，而是希望通过对海量数据的整理和挖掘、呈现，讲述新闻故事，展现新闻的温度。例如，《新京报》的数据新闻实践始终从受众需求出发，以用户关注的热点议题或现象级话题为数据新闻策划的切入口，新闻生产采用确定选题、手机数据、清晰数据、可视化呈现的流程，使数据新闻具有公共话题的热度及社会价值。数据新闻运用权威平台汇总的大数据，数据量庞大，在内容呈现上除了让受众获取新闻信息的同时，还应该重视新闻信息的交互。例如，允许用户按照地理位置、时间线等不同方式与数据新闻产品进行交互，通过用户参与实现微观层面新闻信息产品与个体用户的连接，用户的信息生产参与度更高。

　　从数据新闻的生产流程可见，数据新闻制作需要记者、程序员以及美工设计的团队协作。数据新闻生产的融合性呈现对新闻采写、数据分析、挖掘、界面设计等提出了复合要求。与传统新闻一样，数据新闻需要进行品牌运营，传播方需要对数据新闻的传播效果，如点击率、转发率等进行数据分析，通过效果评估反馈数据新闻的生产。大众传播具有监测和守望社会、传递社会信息的作用，数据新闻通过创建传统新闻报道的技术空间，实现数据与新闻交互，新闻与受众交互，更好地执行了大众传播的职能。

　　由于数据新闻是在互联网中生产和呈现，借助了互联网最基本的超链接功能，使用户能够随时随地地对信息进行链接，丰富了新闻产品的容量，延展了新闻情境。数据新闻的复杂交互性设计比较典型的例子是即时更新的 H5。H5 由于其融合性和交互性，受到了主流媒体的青睐。主流媒体将 H5 作为融合媒体生态下加强主流媒体传播力建设的重要方向。H5 融合文字、图片、动画、音频、视频以及 AR、VR，内容富有趣味性，视听感染力进一步增强，而用户的深度参与不仅激发了其情感反应，而且有利于用户转发。H5 新闻传播的渠道通常是社交媒体，由于社交媒体的广泛到达性，传播者与用户、用户与用户能够相互实时沟通，这种深度的交互性有利于 H5 在移动环境中的裂变传播。H5 新闻通过深度挖掘用户需求，与用户交互，大大增强了新闻产品的感染力和传播度。其典型案例如中国国际电视台的国际传播创新产品 H5《Who Runs China》(中文名为《为人民》)。这一互动产品的开发历时 3 个多月，以"人民代表为人民"为报道主题，在 2019 年两会期间与国内外新媒体用户见面。该产品围绕两会国际宣传内容，基于 20 多万数据，以国际传播的人文视角为基础，采用具有亲和力的交互方式，以数据图表和交互技术进行可视化表达，以彩色粒子点阵的直观形式具化"人大代表"的概念，生动阐释了人民代表大会制度的优越性。它还使用爬虫技术对两会文件内容进行数据挖掘，将政府公文转变为融媒体语言，讲述人民代表大会制度的优越性。其视觉表达酷炫，用户界面友好，允许用户分享，取得了很好的传播效果。在产品上线两周后，用户浏览量破 2000 万，在海外社交平台上广为传播。

　　媒介融合不只作用于媒介技术层面，还作用于大众文化层面。"媒介融合"包括一切媒介及其有关要素的结合、汇聚甚至融合，其相关要素包括文化、技术、平台、内容和体制等，需要多行业的协作。媒介融合必然改变个体的人际互动以及个体与社会的互动，从而影响社会文化。媒介融合的内容和形态高度重视受众，重视受众参与生产的自主性。媒介融合的动力不仅来源于技术创新。在媒介融合的发展进程中，受众被广泛动员，作为信息产品的消费者其主动性被极大地重视。受众对于公众议题和社会议题的关注度显著提升，传播的权利从传者本位的单向度转向重视传受双方。媒介融合重置了用户的话语权，以传者为中心的权力格局发生转型，单向度的线性传播模式被消解，去中心化的传播格局逐渐形成。受众参与信息生产制作改变了受众与传播者的关系，扩大了公众的社会交往空间，扩大了社会公共领域。通过传播方与受众的持续沟通和对话，受众进一步推动了媒介融合的进程。

4.3　媒介融合对产业发展的影响

　　新兴媒体是推动经济结构调整、转变经济发展方式的重要引擎，新媒体相关产业是我国发展绿色经济的新兴战略产业之一。

美国自 1996 年实施《电信法》以来，鼓励传媒业的自由竞争，以提升美国传媒业的国际竞争力。传媒业与其他行业的兼并和并购活动不断，媒介所有权集中度更高，跨媒体、跨行业的集团运营司空见惯。CBS、NBC 等美国前 20 位的传媒集团几乎都是不局限于传媒业务经营的多元传媒集团。传统媒体与新媒体互联互通，互相认可，互相竞争合作。新媒体是用户需求和技术创新的产物，又在不断地创新表现，推动生产经济和政治参与以及国家和社群治理方式的创新。新媒体开发具有无限的商业价值和市场前景，Ipad、Kindle 等电子阅读器的热卖开辟了数字出版的新领域，在线付费新闻开拓了传统媒体的市场空间，在线数字教育和微信公众号运营开辟了传统教育的新途径。网上新闻发布会、虚拟主持人新闻发布会、网上问政，政府微博、微信公众号运营等现象无不体现新媒体的洪流正在席卷并深刻改变和影响着公民政治参与以及政府治理的方式。

2016 年，英国著名报纸《独立报》停刊纸质版，推出在线 App。纸媒会消亡的论断并不是危言耸听，纸质媒体在西方国家江河日下，市场份额不断下降。促进媒介融合，提升传媒产业的竞争力关乎一个国家的国际话语权的提高，创建多元媒介平台和强有力的传播机构是媒介融合转型的必由之路。

以央视为例，央视开办央视网，促进台网融合；上线"央视影音"客户端、"央广快新闻"等移动客户端，以望借力媒体融合创新加速发展，促进信息产品生产的流程再造，有效提升融媒体内容制作的效率；融和采访、编辑、发行等产业链的各生产环节，创建立足于云平台的统一制作和播出系统，促进电视台和网络的内容制作合一，打造网络内容分发平台。互联网技术在电视行业的应用推动了传统行业的转型和发展，促进了电视产业的产业革新，央视的改革是广播电视行业在新技术挑战下为更好应对用户的个性需求而做出的相应的发展策略的调整。

再以新华社为例。传统意义上，新华社属于国家通讯社，但是近年来其加快战略转型，发展互联网思维，走多元运营体制之路，定位于国际一流水准的融媒体机构，致力于打造提供信息定制和个性化服务的新华通集成服务平台，不断推出多媒体融合应用的产品形态，如推出了"新华社发布"客户端以及"新华国际"等将近 50 类客户端，以达到对移动互联网市场的全面覆盖。其针对手机的终端产品种类广泛，达百余种，用户规模超过 2.3 亿。此外，新华社还借力社交媒体，开设了"新华视点""新华社法人微博发布厅"等微博群，其用户规模以千万计。其新闻生产正从传统格局逐步向融媒体格局过渡，设立了通讯社业务、报刊电视业务以及数据库业务、网络业务、金融信息业务等综合内容。

最后以人民日报为例。人民日报是国内较早触网的新闻媒体，早在 1997 年，其主办的人民网上线，是国内首家中央重点新闻网站。近年来，该报提出"中央厨房"战略，面向国内和国际的 500 家媒体和网站提供多语种的新闻产品。依托人民日报，其开办了"两微一端"和户外屏幕作为融媒体传播平台，建立了融媒体的立体传播体系。就用户数而言，报纸的用户数占比仅为一个百分点，其融媒体传播平台以互联和移动互联为主，网络用户占绝大多数。人民日报从顶层设计着手，打造了完整的媒体融合系统，重构了信息产品的生产、传播以及运营管理系统，聚焦优质内容生产，整合资源创造价值，为行业构建信息产品生产的平台。从内部组织架构角度，总编调度中心作为其内容策划、采编、发行的核心机构，指挥全局运营，而采编联动平台的团队服从总编调度中心的调配，生产融媒体信息内容，产品进入后台新闻数据库。新媒体中心总编室、人民网总编室、报社总编室等机构可以直接发布稿件，也可以对新闻数据再加工后发布。为激励融媒体内容的生产能力，人民日报组建了新的业务链，成立了融媒体工作室。在内部管理方面，人民日报报纸、网站、新闻客户端以及社交媒体的运作均采取项目制施工。其融媒体工作室不仅扩展了报纸版面的既有内容，而且提供了视频、音频、图解、图像等形式的信息内容，使其与报纸版面内容融合，间接提高了报纸的可读性。其对于新闻线索的抓取，不仅依赖记者自行选题，还可以通过网络数据筛选选题，并通过后期效果评估和用户行为追溯，深度了解用户使用和行为偏好，进行个性化推荐，以精准推送信息内容。

传统媒体和新兴媒体在内容、渠道、平台、经营、管理等层面的融合发展，需遵循新闻传播规律和新兴媒体发展的基本规律，强化互联网思维，坚持两者优势互补，以先进技术为支撑、内容建设为根本，促进内容生产的采集、制作、传输、接收、显示的各个环节以及管理的整个内容产业链的融合。当前，新媒体产业迎来发展的黄金时代，其与传统报业、广播影视产业彼此之间的融合，深刻改变着传媒产业的发展格局。

本 章 习 题

1. 什么是媒介融合？媒介融合体现在哪些层面？
2. 媒介融合以什么作为基础？
3. 简述媒介融合对媒介产业的影响。

新 媒 体 技 术

创造和利用新技术是人类的本性，也是社会进步的必然。每一次技术的进步，也推动着媒体产业的发展。

从古至今，媒体的每次变化都是以技术的进步和演进为先导。如果没有印刷技术的出现，就没有书籍、报纸和杂志等纸质信息存储传输媒介；如果没有电子技术的发展，就没有无线电、广播和电视等电子媒体；没有计算机技术、现代通信技术以及计算机网络的普及，就没有新媒体的产生、发展和兴起。

从技术的角度，按照当前的发展阶段，新媒体技术就是以计算机为工具，以现代数字通信为手段，以网络交换为传播形态，以此构成对信息内容进行采集、加工、处理、应答传输和显示的全过程，并应用于大众传播业的技术。按照美国学者约翰·帕夫利克（John Pavlik）的观点，新媒体技术主要包含采集和生产技术、处理技术、传输技术、存储技术和播放显示技术，涵盖了围绕着互联网和移动通信的输入、处理、输出全过程的各项技术。数字娱乐传播技术，作为新媒体技术与大众日常生活最为贴近的部分，其传输内容以娱乐信息为主，面向社会上所有人群，也是新媒体技术中用途范围最为宽广的技术。

当前，新媒体技术以数字技术为核心，通过计算机技术和以网络技术为主的信息通信手段，将抽象的信息转换为易于感知、可管理和便于交互的信息，涉及诸多学科和研究领域的理论、知识、技术与成果，已经广泛应用于信息传播、影视创作、游戏娱乐、广告、出版、网络应用以及教育、商业、展示等领域，具有巨大的经济增值潜力和社会效益，是一种新兴、交叉和综合的技术。

5.1　新媒体技术的分类

新媒体技术包括数字媒体信息从生成、处理到输出各个环节所涉及的多项技术，大体可以分为以下几类。

1. 信息采集与输出技术

信息采集技术是将人类各个感觉器官从自然界中感受到的声音、图像甚至味觉和触觉等以连续形式存在的模拟信息，采用模拟/数字转换器转换为计算机可以识别和记录的数字形式的离散信息，是数字媒体信息处理、存储和输出等后续环节的基础。

信息输出技术为数字媒体内容提供丰富的、人性化的交互界面，是将计算机描述的抽象数字离散信息，采用数字/模拟转换器转化为可以被人类各个感觉器官易于感知的连续模拟信息，是数字媒体的最终目的和处理交互的重要手段，是与数字媒体信息获取完全相反的信息处理过程。

2. 信息存储技术

来自于自然界中的媒体信息从连续模拟形态转换为离散数字形态后,在方便处理记录的同时也极大地增加了数据量。由于数字信息存储和读取的并发性和实时性,对存储系统的速度、性能以及数据存储的稳定性和安全性提出了更高的要求。要综合考虑存储设备容量、速度以及存储策略等因素,以在保证存储数字媒体信息稳定性的同时方便数字媒体信息的管理。目前广泛应用的主要存储技术有磁存储技术、光存储技术和半导体存储技术等。

3. 信息处理技术

信息处理技术可以将数字媒体信息的表现形式和表现内容根据需要进行转换,其主要包括媒体信息数字化技术、数字信息压缩编码技术以及数字媒体信息特征提取、分类与识别技术等。在各种数字媒体信息中,占据大多数数据量并最具代表性的文字、图像、音频以及视频信息的处理技术,是数字信息生成与处理技术的主要内容。

4. 信息传输技术

作为传输数字媒体信息的主要手段,信息传输技术体现了数字新媒体与传统媒体单一传输渠道相比迥然不同的多渠道传输的特征。数字媒体信息传输技术有机融合了计算机网络技术和现代通信技术,将数字信息内容传输给终端,为用户及受众提供无缝连接的服务。数字媒体信息传输技术主要包括数字通信网技术、计算机网络技术和无线通信技术。其中,IP 技术能把计算机网络、广播电视网和电话通信网融合为统一的宽带数字网,各种信息传递方式和网络在数字传播网络内合为一体,是数字媒体信息传输技术的研究热点和发展趋势。

5. 信息管理与安全技术

针对数字媒体信息数据类型繁多和数据量人的特点,结合数字媒体技术与计算机数据库技术、检索技术与信息安全技术而产生的数字媒体数据库,可以高效管理数字媒体信息。与传统的普通数据库相比,数字媒体信息数据库增加了以图文音像为主要类型的数字媒体信息的处理和管理功能,并采用了特征识别、基于内容或特征的检索等技术,极大地扩展了存储容量,满足了图文音像数字媒体信息的有序存储和有效管理。数字媒体安全技术建立在数字版权管理技术和数字信息保护技术的基础上,起到安全传输数字媒体信息、知识产权保护和认证等作用,也为数字媒体信息的商业化流通提供了技术基础。

5.2 数字视听技术

数字音频技术是人类最熟悉的传播信息的手段,也是人与人之间交往最便捷的工具。音频信息在以广播和电视为代表的传统媒体时代,就已经是非常重要的媒体类型。在数字新媒体时代,音频仍然保持着重要的地位。

数字音频同样也分为语音和非语音两类。语音以人类语言为基础,是具有鲜明字节信息的声音信号,是语言的载体。非语音信号则分为乐音和杂音。乐音指发音物体有规律振动而产生的具有固定音高的音频,可以引起美好的听觉和心理享受;杂音则没有任何规律,不能引起美好的听觉享受。

数字音频利用数字化手段对声音进行录制、存储、编辑、压缩和播放，随着计算机技术、多媒体技术、数字信号处理技术等现代科技的兴起而产生。与模拟音频相比，其具有采集便捷、存储便利、传输和再现得几乎不存在失真、易于编辑和处理等诸多方面的优点。

音频按来源可以分为自然音频和人工音频两种。自然音频即由自然界中的音源发出的声音，不仅具有强度和音调等属性，更具有强烈的空间感，可以通过混响和回声等反射特性感受到现场的环境结构，可以很容易分辨出音源的方位。人工音频则由于在音频数字化过程中采集信息的片面性，在上述几个特点中难免会有所丢失和缺损，从而导致音质下降或者空间感不强等缺陷。为了减少或者避免这种现象的产生，可以根据人耳接收声音的特点，在采集音频时从左右两个方向同时采集音频，从而部分恢复和建立所采集声音的空间感，即对应人耳左右分布的特点，使用立体声系统以双声道或多声道的方法采集声音。音频设备中常用的数字音频标准主要有杜比系列音效系统、DTS 音效系统和 THX 音效系统，如图 5.1 所示。

图 5.1　DTS 和 THX 音效系效标志

计算机音频以计算机为工具，完全由人工通过计算机控制 MIDI 乐器高效率地完成音乐作品的创作与编辑，可以生成自然界中不存在的音频，赋予音频创作以无限空间。

乐器数字接口，全称为 Musical Instrument Digital Interface，简称 MIDI，是 20 世纪 80 年代初，由几家主要的电子乐器生产商发起制定的一个通信标准，主要包含计算机音乐生成程序、电子乐谱合成器以及电子乐器和音响等设备交换信息和控制信号等几个子标准。MIDI 通常使用的标志如图 5.2 所示。

图 5.2　MIDI 标志

MIDI 本身不是声音信号，而是音符、控制参数等指令，它指示 MIDI 设备演奏音符和音量控制等行为。MIDI 数据也不是数字音频波形，而是音乐代码或电子乐谱。MIDI 系统实际就是一个作曲、配器、电子模拟的演奏系统。音乐人可以按 MIDI 标准，运用 MIDI 技术生成数字音乐数据来进行音乐的创作，也可以使用 MIDI 设备直接演奏乐曲。配备了高级 MIDI 软件库的计算机，可以用 MIDI 控制完成包括音乐创作、乐谱打印、节目编排、音乐调整、音响幅度、节奏速度以及各声部之间的协调和混响在内的几乎所有的音乐处理功能。

5.3　数字图像技术

　　图像是采用各种采集系统获取或由人绘制并能够被人类视觉所感知的实体，数字图像就是数字化图像实体。与传统娱乐信息一样，视觉信息在数字娱乐传播中仍然占据着最重要的地位。

　　数字图像是用有限数字数值像素表现的二维平面信息实体，由模拟图像数字化得到，以像素为基本元素，可以用数字计算机或数字电路存储和处理。自然界存在的图像在空间、亮度以及色彩色调上都是以模拟形式连续存在的，所以在进行数字化处理前，要先将模拟图像经采样、量化和编码转换为数字图像。数字图像可以由多种输入设备和技术生成，如数码相机、扫描仪、坐标测量机等，也可以从非图像数据得到，如数学函数或者三维几何模型等方法。

　　像素是模拟图像数字化时对连续空间进行离散化所得数字图像的基本元素。每个像素都具有以整数形式表现的行和列的坐标位置和整数灰度值/颜色值。根据像素特性的不同，数字图像可以划分为二值图像、灰度/灰阶图像和彩色图像等类型。

　　分辨率(Resolution)，指组成图像的像素密度，以单位长度内像素数量表示，单位一般采用 PPI(Pixels Per Inch)，如 300PPI 表示一英寸内有 300 个像素。几何尺寸相同的一幅图像，组成图的像素数目越多，则图像分辨率越高，图像就越清晰；反之，则图像分辨率越低，图像也就越粗糙。如图 5.3 所示，两幅图像尺寸相同，但左边图像分辨率为 300PPI，而右边图像分辨率只有 100PPI，左边图像视觉效果明显更好，更清楚、更细腻。

图 5.3　同样尺寸但分辨率不同的图像

　　色彩深度(Depth of Color)，又叫色彩位数，指储存每个像素色彩所用数值的存储位数，决定彩色图像像素可能的最大色彩数量或者灰度图像像素可能的最大灰度级别。例如，一幅彩色图像的每个像素如果用 R、G、B 三个分量来表示，每个分量用 8 位来表示，那么一个像素就由 $8 \times 3 = 24$ 位来表示，即像素色彩深度就是 24 位，每个像素可能的色彩就是 $2^{24} = 16777216$ 中的一种。表示一个像素的位数越多，能表达的色彩数量就越多，它的深度就越深，表现的色彩就越细腻，但同时图像占用的存储空间就越大。鉴于人眼的分辨率的局限性和设备复杂度的限制，一般不追求过高的像素色彩深度，而要在人眼的视觉感知和资源耗费之间达到平衡。如图 5.4 所示，同样的图像，左图采用 8 位色彩深度，而右图采用 24 位色彩深度，在色彩表现细腻程度上右图就更好一些。

图 5.4　不同色彩深度图像的比较

真彩色是指在组成一幅彩色图像每个像素值的基色分量，达到与日常生活经验一致的色彩，每个基色分量直接决定了显示设备的基色强度。伪彩色图像的每个像素的色彩不由每个基色分量数值直接决定，而是需查找一个显示图像时使用的 R、G、B 强度值，查找得到的数值显示的色彩是真的，但不一定是所描述物体真正的色彩，而有可能以色彩表现图像所描述对象的一些其他数值，如以不同色彩表示不同的温度，称为色温。

5.4　数字视频技术

据统计，目前，视频信息因其最接近人直观感受的不可替代特征，在网络上占据了将近 90% 的流量。数字视频就是以数字形式记录的视频。为了获取数字视频信息，模拟视频信号必须通过模拟/数字转换器来转变为以 0 和 1 表示的数字视频信号；而播放数字视频时则要完成其反过程，即借助数字/模拟转换器将二进制信息解码成模拟信号。

彩色电视信号分为复合视频信号、分量视频信号和分离视频信号三种。复合视频信号又称为全电视信号，将亮度、色差及同步信号融合为一个信号。分量视频信号由表现色彩信息的若干个独立信号组成，表示色彩质量最好，但需要较宽的带宽和同步信号。常用的分量视频信号标准有 RGB、YUV 和 YIQ 等。分离视频信号将亮度分量和色差分量分离后以不同信道分别传输，色彩表现和设备资源消耗均处于前两者中间。视频信号标准也称为电视制式，世界上广泛采用的电视制式有 NTSC、PAL 和 SECAM 制三种，区别主要在于帧频/场频、分辨率、带宽、色彩空间的转换关系。

模拟视频数字化包括色彩空间转换、光栅扫描转换以及分辨率统一等步骤。电视视频信号常用两种方法数字化。一种是先把复合视频信号中的亮度和色度分离，得到 YUV 或 YIQ 分量，然后用模拟/数字转换器对三个分量分别进行数字化；另一种先用模拟/数字转换器数字化复合视频信号，然后在数字域中得到 YUV、YIQ 或 RGB 分量数据。

5.5 计算机动画技术

计算机动画指采用图形与图像的处理技术，借助于编程或动画制作软件生成一系列的景物画面，当前帧是前一帧的部分修改，采用连续播放存储于连续帧的静止图像的方法产生物体运动的效果。计算机动画中的运动包括景物位置、方向、大小、表面纹理、色彩和形状的变化以及虚拟摄像机的运动。动画的基本原理是利用人眼的视觉暂留特性，连续播放一系列基于时间顺序的静止画面，给视觉造成连续变化的假象。图 5.5 中的几个例子，则表示在某段持续时间内看到的所有帧以及帧之间的位置关系。

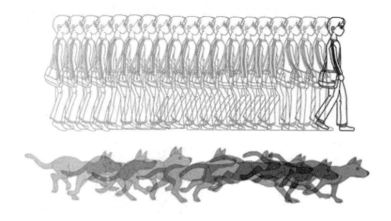

图 5.5 某段持续时间内的动画帧举例

计算机动画的制作需要软件和硬件协同实现。以计算机硬件为基础，利用动画制作软件，以艺术修养作为指引，才可以实现各种动画功能和效果。

计算机动画根据动画控制方式可分为实时动画和逐帧动画。实时动画采用算法控制物体的运动，计算机快速处理输入的数据，并在屏幕上实时显示运算结果，一般用于简单动画。逐帧动画按时间顺序显示记录在存储介质上的图像序列实现运动效果，通常用于复杂动画。

计算机动画根据动画画面视觉效果的不同分为二维动画和三维动画。二维动画的画面是在平面空间展示内容，其立体感借助于透视原理、阴影等手段得到的视觉效果。三维动画使用三维数据建立对象模型，具有真实的立体感。

按所描述对象的真实程度，计算机动画可以分为真实感动画和非真实动画。

按目的播放平台，计算机动画可以分为电视动画和网络动画。电视动画在计算机上制作完成以后要转换为视频文件格式存储，以供电视平台播放。适用于网络传播的网络动画，文件容量小，采用矢量图形，画面简洁明快、色彩鲜艳，播放运算量小，制作相对容易，并具有一般动画所没有的交互性，可以小规模范围内展开创作，但画面质量远远不如专业动画作品。随着网络的发展和普及，网络动画逐渐形成了计算机动画的重要组成部分。网络动画的主要制作软件有 Flash、Ulead GIF Animator 和 Cool3D 等。

计算机动画生成技术即利用计算机动画系统的多种运动控制方式，实现各种复杂的运动形式，提高控制的灵活度以及制作效率的技术，包括关键帧动画、变形物体动画、过程动画和人体动画等。

　　一般情况下，动画对象或人物的创作还是先用手工在纸上或使用绘图笔绘制原画，即先画出对象或人物的轮廓，再输入计算机进行上色等操作，这部分的工作与造型设计以及美术设计密切相关。图 5.6 表现的是从原画到上色的过程，图 5.7 表现的则是人物造型设计和美术设计的过程。

图 5.6　从原画到上色的过程

图 5.7　人物造型设计和美术设计的过程

　　关键帧动画的中间帧并不需要全部由创作人员逐帧描绘，只需绘出若干有代表性的关键帧画面，其余各帧画面由计算机根据关键帧画面的设定以及模型化对象在某些时间点上的位置、形状、旋转角、纹理和其他参数而自动内插生成，从而大大节省了创作的时间，是计算机动画中最基本并且运用最广泛的方法，几乎所有的动画软件如 Maya、3DSMAX 等都使用这种技术。如图 5.8 所示，要表现二维动画人物笑的动画过程，只需要帧标记帧 1、帧 2 和帧 3 为关键帧，而其他帧可以由这三个关键帧的参数由计算机计算生成。图 5.9 则表现了三维动画的关键帧，其中关键帧为帧 1 和帧 2，其他帧则由计算机生成。

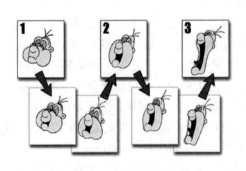

图 5.8　二维动画的关键帧

图 5.9　三维动画的关键帧

　　变形动画将动画对象从一种状态转变为另一种状态，转变的中间过程通过起始状态和结束状态的数据计算得到，常用动画软件如 3DSMAX、Maya 等都具有类似功能。图 5.10 所示是一朵计算机绘制的花朵由含苞待放到绽开的全过程，图 5.11 中一个黑色矩形逐步变成白色圆形的过程，都属于典型的变形动画。

图 5.10　变形动画表现的花开过程

图 5.11　变形动画表现的形状和色彩变化过程

5.6　计算机网络技术

　　计算机网络是建立在通信技术和计算机技术基础上，按照网络协议将分散独立的计算机和通信设备连接起来，以功能完善的网络软件实现资源共享和信息传递的系统。

1. 计算机网络体系

　　计算机网络由网络硬件和软件组成。网络硬件是计算机网络的物质基础，主要包括服务器、工作站、连接设备、传输介质等。网络软件是实现网络功能的主体，包括网络操作系统和网络协议等。网络操作系统的运行是在网络硬件的基础上，提供共享资源管理、基本通信、网络系统安全及其他网络服务，其他网络软件都需要其支持才能运行。连入网络的计算机依靠网络协议实现通信，而网络协议需依靠在具体网络协议软件的支持下才能工作。

　　计算机网络按覆盖范围可分为局域网、城域网和广域网。局域网（LAN）是小区域范围内的计算机网络，其数据传输率高可达 1000 Mb/s，具有价格便宜和误码率低的优点，常见拓扑结构有星型、环型、总线型、树型和网状拓扑等（如图 5.12 所示）。城域网（MAN）通常使用与 LAN 相似的技术，可能覆盖一个或若干城市。广域网（WAN）是覆盖国家级或国际范围地域的网络，通常要依托公共通信网络。

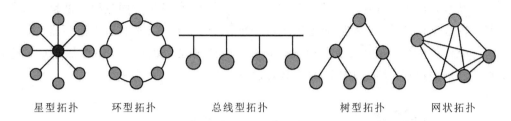

星型拓扑　　　环型拓扑　　　总线型拓扑　　　树型拓扑　　　网状拓扑

图 5.12　常见的计算机网络拓扑结构

2. IP/TCP 协议

IP 是互联网络协议的简称。IP 协议与 TCP 协议并列为 TCP/IP 协议集合的核心。互联网通过 IP 协议实现不同物理网络的统一，实现了真正意义上的网络互联。IP 技术的核心是支持网络互联的 TCP/IP 协议，通过 IP 数据包和 IP 地址将物理网络细节屏蔽起来提供统一的网络服务。现有的 IP 协议为 IPv4，但由于互联网地址空间的不足和新的应用需要，在对 IPv4 做了简单的、向前兼容的改进后提出了 IPv6。IPv6 不仅解决了 IPv4 的地址短缺难题，而且可以使互联网摆脱难以管理和控制的局面。

TCP 是面向连接的协议，提供可靠的全双工数据传输服务。TCP 具有面向数据流、虚电路连接、有缓冲的传送、无结构的数据流和全双工连接等五个特征。IP 只提供一种将数据报传送到目标主机，但不能解决数据报丢失和乱序递交等传输问题。TCP 协议则解决 IP 协议的问题，两者相结合而成的 TCP/IP 协议集合提供了互联网可靠传输数据的方法。

基于 TCP/IP 协议的网络体系结构分为网络接口层、网际层、传输层、应用层四层，即 TCP/IP 协议层次结构。其与 OSI 参考模型之间的关系如表 5.1 所示。

表 5.1　TCP/IP 协议层次结构

TCP/IP 协议	OSI 参考模型
应用层 FTP、SMTP 等	应用层
	表示层
	会话层
TCP 层	传输层
IP 层	网络层
网络接口层	数字链路层
	物理层

5.7　数字存储技术

与模拟信息相比，数字信息具有数据量大、并发性和实时性等特点，对系统计算速度、性能以及数据存储的要求更高，具有既要考虑存储介质，又要考虑存储策略的特征。目前广泛应用的主要存储技术有磁存储技术、光存储技术和半导体存储技术等。

1. 磁存储技术

虽然各种新型的存储媒介不断涌现，但磁存储技术以其优异的记录性能、应用灵活、成本低廉的优势和技术上的巨大发展潜力，成为信息存储领域的主流技术。磁存储技术可分为模拟磁存储和数字磁存储两种。前者主要用于记录模拟图像和模拟声音信号，记录和输出均为模拟信号；后者采用二进制信号记录数字信息，设备主要包括硬磁盘、软磁盘和磁带等。

硬盘具有容量大、体积小、速度快、价格便宜等优点，硬磁盘存储技术应用最广泛。硬盘性能指标包括容基、平均寻道时间、缓存和传输速率等。目前，主流硬盘的容量在 1000 GB 以上，转速 10000 rpm，平均寻道时间大约为 7～9 ms，缓存 32 MB，传输速率达 160 Mb/s。硬盘主流接口主要是 IDE、SATA 和 SCSI 等，其接口及硬盘如图 5.13 所示。尽管单一硬盘的存储容量已经达到了比较可观的程度，但对于迅猛发展的数字媒体信息来说，在追求大容量的同时还需要增强存储系统的可靠性，从而出现了由多个硬盘构成的存储系统磁盘冗余阵列（RAID），综合解决了磁盘存储系统的吞吐速度和可靠性问题。

图 5.13 IDE、SATA 和 SCSI 硬盘接口外观

2. 半导体存储技术

半导体存储器种类繁多，容量和存取速度发展非常迅速，应用领域也日益广泛。根据其读写特性，半导体存储器可分为随机存储器（RAM）和只读存储器（ROM）两大类，还可细分为 Flash、ROM、SRAM、EPROM、EEPROM 和 DRAM 等。

闪存芯片的存储容量已经达到了上百 GB，而且随着半导体和集成技术的发展，闪存芯片的容量还会大幅度提升，常见的闪存类型有 SM、CF、MemorySticks、MMC、SD、XF、U 盘、C-Flash 等，几种常见的存储卡如图 5.14 所示。

图 5.14 SD、mimiSD、MS、TF 及 MMC 存储卡

3. 光存储技术

光存储技术是将计算机生成的携带信息的数据送入光调制器，采用激光照射介质并与

介质相互作用，导致介质的性质变化而存储信息。光存储系统通常分为记录信息的光盘和光盘读取设备两大部分，常见的光盘和读取设备如图 5.15 所示。

图 5.15　DVD 播放器及 DVD 光盘

光存储技术以其存储密度高、存储寿命长、非接触式读写和擦出、信噪比高以及价格低等优点成为数字媒体信息存储的重要载体。光存储技术可以按多种标准进行分类，如图 5.16 所示。

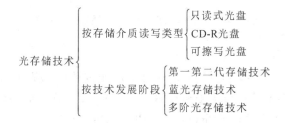

图 5.16　光存储技术分类

4. 网络存储技术

网络存储技术具有安全性高、动态扩展性强的特点，是近年高速发展的技术。许多基于工业标准的网络存储方案在视频管理制作和播出等方面都已经得到了广泛应用。网络存储技术按照发展的先后顺序，可以分为以下几种。

（1）DAS 和 SAS 技术。直接附着网络存储（Direct-Attached Storage，DAS），适用于早期的简单网络。典型 DAS 管理结构基于 SCSI 并行总线，存储设备与主机操作系统紧密相连。20 世纪 80 年代，出现了附着于服务器的存储（Server-Attached Storage，SAS）。SAS 和 DAS 类似，但其使用的是分布式方法并仰赖于局域网连接实现。SAD 和 SAS 的存储都直接依附于服务器，使用存储共享都是受限的。

（2）SAN 和 NAS 技术。存储域网络（Storage Area Network，SAN），是存储技术与网络技术密切结合的产物，是一个用在服务器和存储资源之间的、专用的、高性能的网络体系。使用 SCSI-FCP 典型协议组，能为网络应用系统提供丰富、快速和简便的存储资源，又能集中统一管理网络上存储的资源，可以作为媒体业务管理的结构，也可以作为视音频播出服务器的网络化构架，成为当今理想的存储管理和应用模式。

　　附于网络的存储(Network Attached Storage，NAS)，设备直接连接在网络上。NAS 包括一个特殊的文件服务器和存储设备。NAS 服务器采用优化文件系统，并且安装预配置的存储设备。由于 NAS 连接在局域网上，客户端可以通过 NAS 系统与存储设备交互数据，也可以通过磁盘映射和数据源建立虚拟连接。

　　SAN 以数据为中心，具有高带宽块状数据传输的优势，而 NAS 以网络为中心，更加适合文件系统级别上的数据访问。根据两者强烈的互补性，可以使用 SAN 运行数据库、备份等关键应用以集中存取与管理数据；而使用 NAS 完成客户端之间或者服务器与客户端之间的文件共享。

　　(3) IP 网络存储技术。随着 IP 和以太网数量的激增，可以采用与构建互联网相同的基础支持对网络存储的需求。服务器可以在运行 TCP/IP 的以太网上安装 iSCSI 驱动，从而能够存取计算机上 SAN 中的数据块，可以利用基于 TCP/IP 的以太网来无限制地扩大存储容量和带宽，来构建任何大小的网络以适应各种各样不同的存储需求。

5.8　移动数字终端技术

　　随着数字新媒体无线和移动服务平台的迅速壮大，特别是移动数字媒体独特的信息获取与交流的优势，近年来手持移动数字终端发展势头凶猛，已经成为获得信息和媒体服务的重要途径。

1. 手机

　　手机是移动通信系统中的便携叫移动通信终端。第一代手机(1G)是模拟手机，技术上类似于简单的无线电双工电台，通话频率固定，易于被窃听。从第二代手机(2G)开始进入数字手机时代，利用数字信号处理传输语音和数据，GPRS 和 WAP 等数据服务以及基于移动 Java 平台的程序扩展等功能。第三代手机(3G)是指融合移动通信与互联网多媒体通信的多媒体数字手机，能处理图像、音乐、视频流等多种媒体形式，提供包括网页浏览、电话会议、电子商务等多种信息服务。第四代手机(4G)集 3G 与 WLAN 于一体，并能够传输与高清晰度电视不相上下的高质量视频图像和音频信号，能够满足几乎所有无线服务的要求。手机的发展将偏重于安全和数据通信，一方面加强个人隐私的保护，另一方面加强数据业务的研发，更多的多媒体功能被引入。

2. 媒体播放器

　　MP3 播放器凭借着小巧的体积和使用方便等优点，替代了磁带、CD 等音乐播放产品，迅速占领便携音乐播放器的市场。而结合了视频等播放的新一代个人数码娱乐终端 MP4，又取代 MP3 成为市场的主流。MP4 是 2002 年由法国爱可视公司发布的，2003 年 9 月出现了第一款能摄像的 MP4。现在的 MP4 功能已经融入到了数码相机、数码 DV、移动硬盘、MP3 和手机等多种数码产品中，独立功能的 MP4 市场也在逐渐萎缩，典型的 MP4 播放器如图 5.17 所示。

图 5.17　常见的 MP4 播放器

3. 平板电脑

平板电脑是一种小型、方便携带的个人电脑，以触摸屏作为基本的输入设备，其触摸屏允许触控笔或数字笔而不是传统的键盘或鼠标操作，用户还可以通过内建的手写识别程序、软键盘、语音识别或者一个真正的硬件键盘输入信息，从而大大提高了应用的便利性。平板电脑由微软总裁比尔·盖茨于 2002 年提出，从微软提出的平板电脑概念产品上看，平板电脑就是一款没有翻盖和键盘、小到可以放入女士手袋，但却功能完整的 PC。

平板电脑本身内建了应用软件，用户只需按自然习惯通过触摸屏幕上书写的方式，就可以将文字或手绘图形输入计算机。平板电脑按结构可分为集成键盘的可变式平板电脑和外接键盘的纯平板电脑两种类型。虽然平板电脑的概念由微软公司提出，却是因苹果公司的系列平板电脑的推出而为众人所知，平板电脑的代表产品分别是 SURFACE 和 IPAD，如图 5.18 所示。

图 5.18　微软 SURFACE 和苹果 IPAD 平板电脑

5.9　数字媒体信息安全技术

数字媒体信息本身易于复制和传播的特性导致数字作品的侵权更加容易，恶意攻击和篡改伪造数字媒体内容等问题也日益严重，为此应该引入数字媒体信息安全技术来提高数字媒体信息的安全性。

1. 数字媒体信息加密技术和数字签名

数字媒体信息往往通过计算机网络传输，在传输过程中会遭遇多种安全问题，应用于计算机网络的安全技术自然也引入到数字媒体信息的安全性保护中来。与计算机网络安全技术类似，加密技术也是数字媒体安全技术的基础，为存储和传输中的数字媒体信息提供机密性、数据完整性、身份鉴别和数据原发鉴别等方面的安全保护，还能阻止和检测其他的欺骗和恶意攻击行为。数字媒体加密技术包括对称加密技术和非对称加密技术两种。加密技术使用相同的密钥加密或解密数字媒体信息，而非对称加密技术使用不同的密钥加密或解密数字媒体信息。数字签名技术使用散列函数对数字信息进行签名，在原始信息上附加数据以保证信息的完整性，认证发送者的身份，防止交易中的抵赖发生，是不对称加密技术典型应用。

2. 数字媒体信息隐藏技术

信息隐藏利用人感觉器官对数字信息的感觉冗余性，将用作识别的信息隐藏在需要传输的原始信息中，隐藏附加信息后的信息引起的感受与原始信息并没区别，使人无法觉察到隐藏的数据，也不会改变原始信息的本质特征和使用价值。信息隐藏技术包含隐蔽通道、隐藏术、匿名通信和版权标示等技术。隐藏技术把标识信息嵌入或隐藏在原始信息中，通常假设除信息发送方和接收方之外的第三方不知道隐藏信息的存在，只能用于互相信任的双方之间点到点的信息传输。

3. 数字水印技术

与信息隐藏技术相似，数字水印技术将作者信息或个人标志等信息，以人所不可感知的水印形式嵌入到原始信息中，通过自然感官无法感知水印的存在，只有专用的检测器或计算机软件才可以检测，具有可证明性、不可感知性和稳健性等特点，是一种有效的数字媒体信息保护和认证技术。在数字媒体信息中加入数字水印可以确认版权所有者，认证数字媒体来源的真实性，以及识别购买者，确认所有权认证和跟踪侵权行为。

数字水印技术可以按照多种标准分类。数字水印按其稳健性可分为鲁棒数字水印、半易脆数字水印和脆弱数字水印；按数字水印所嵌入的原始信息类型可分为图像数字水印、音频数字水印、视频数字水印、文本数字水印、印刷数字水印以及网络数字水印等；按水印检测过程可分为明水印和盲水印；按数字水印的内容分为内容水印和标志水印；按数字水印用途可分为版权保护水印、篡改提示水印、票据防伪水印和隐蔽标识水印等。

4. 数字版权管理技术

数字版权管理(Digital Rights Management，DRM)，随着电子音频视频节目在互联网上的广泛传播而发展起来，采取信息安全技术手段在内的系统解决方案，在保证合法的、具有权限的用户对数字图像、音频、视频等数字信息正常使用的同时，保护数字信息创作者和拥有者的版权，根据版权信息获得合法收益，并在版权受到侵害时能够鉴别数字信息的版权归属及版权信息的真伪，以保证数字内容在整个生命周期内的合法使用，平衡数字内容价值链中各个角色的利益和需求，促进整个数字化市场的发展和信息的传播。具体来说，数字版权管理技术包括对数字资产各种形式的使用进行描述、识别、交易、保护、监控和跟踪等各个过程。数字版权保护技术贯穿数字内容从产生到分发、从销售到使用的整个内容流通过程，涉及整个数字内容价值链。数字版权管理通过对数字内容进行加密和附加使用规则对数字内容进行保护，使用规则可以判断用户是否有权限播放此内容，为数字媒体信息提供者保护其所拥有的数字资产免受非法复制和使用提供了技术手段。

本章习题

1. 新媒体传播技术如何分类？
2. 请介绍数字视听技术。
3. 请介绍一下数字信息安全技术。

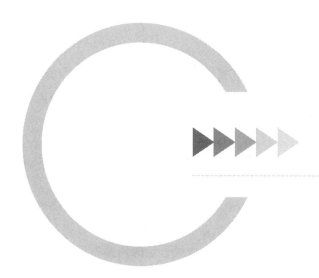

新媒体应用篇

◎ 门户网站、新闻客户端、虚拟社区、
　搜索引擎和电子商务

◎ 网络视频和移动社交视听媒体

◎ 网络出版、网络动漫与游戏、元宇宙

◎ 微博、微信、社交网络、移动社区

◎ 支付宝和滴滴的传播生态

◎ 今日头条和知识付费平台

◎ Bilibili和网易云音乐

第六章　门户网站、新闻客户端、网络社区、搜索引擎和电子商务

人们对网络新媒体有着不同的理解。一般来说，凡是依托互联网网络进行信息传播的媒介平台都可以称为网络新媒体。本章主要介绍在互联网发展初期和中期出现的一些典型媒体，包括门户网站、新闻客户端、虚拟社区、搜索引擎和电子商务。

6.1　门　户　网　站

1997 年门户网站（Portalsite）的概念首次提出，Portal 直译为入口。换句话说，门户网站是用户利用网络的第一个关口。门户网站是对网络中繁杂的信息进行收集、分类，并提供搜索服务，方便用户快速查询所需信息的网站。门户网站是综合性的网站类型，涵盖新闻资讯的传送、搜索、电子邮箱、网上购物，可以形成锁定（Lock-in）的效果。门户网站也被誉为与报纸、电视传媒并存的"第四媒体"。1998 年雅虎推出的搜索引擎业务得到了广泛认可。越来越多的综合类门户网站开始发展成为基于为用户提供搜索引擎服务的网站。门户网站初期大多依靠广告收入来盈利，浏览量的提升是投资者所希望看到的。但自 2000 年 4 月开始，网络经济泡沫开始破裂，门户网站因为单一盈利模式的限制，总体市值表现不佳。在此情形下，门户网站对自己的发展方向重新进行定位。网易的主要业务方向放在游戏服务的提供上；新浪在推进网络广告收入的同时，也积极发展增值服务；搜狐则发展多种类型的业务服务，成为了综合性的门户网站。

1. 中国门户网站的进程

1997 年 6 月，网易成立。1998 年，查询搜索引擎类网站——搜狐出现；四通利方与"华渊资讯"达成合作意向，成立了中文网站"新浪网"。网易等门户网站在发展初期通过克隆雅虎的发展模式，实现了企业的渐进发展。新浪、网易、搜狐也迅速成为我国的三大门户网站。中华网、新浪、网易、搜狐相继在美国上市募集资金，从市场上募集的资金都达到 5000 万美元以上的数额，充分证实了中国互联网概念的潜力空间。但是，就在门户网站红极一时的同时，全球的互联网泡沫迅速波及到中国的互联网公司。2000 年底，互联网公司面临大量的裁员和企业并购事件，行业呈现出震荡调整的低潮期。如何实现盈利是当时中国门户网站急需解决的问题，各大门户网站纷纷进行战略转型，网易基于网络游戏端投入了大量资本，积极提升网站游戏服务水平；新浪不仅在网络广告上发力，还提供了收费增值服务，为企业创收水平提升到新的层次。收费增值、网络游戏、广告收入也成为各大门户网站发展的新模式。随后，门户网站进入到稳定发展的阶段。

2. 我国的四大门户网站

1）新浪

新浪是一家服务于中国及全球华人社群的网络媒体公司，通过门户网站新浪网、移动门户手机新浪网和社交网络服务新浪博客、新浪微博所组成的数字媒体网络，帮助广大用户通过互联网和移动设备获得专业媒体和用户自生成的多媒体内容（UGC）并与友人进行分享。新浪为全球用户提供全面及时的中文资讯、多元快捷的网络空间，以及轻松自由的与世界交流的先进手段。其包括新浪新闻聚合、新浪财经、新浪娱乐、新浪体育、新浪汽车等综合频道。

2）搜狐

搜狐为用户提供 24 小时不间断的最新资讯及搜索、邮件等网络服务。其内容包括全球热点事件、突发新闻、时事评论、热播影视剧、体育赛事、行业动态、生活服务信息以及论坛、博客、微博、我的搜狐等。搜狐是一个新闻中心、联动娱乐市场，跨界经营的娱乐中心、体育中心、时尚文化中心。搜狐是 2008 年北京奥运会互联网内容服务赞助商，是中国领先的新媒体、通信及移动增值服务公司，是中文世界最抢镜的互联网品牌之一。

3）网易

网易是中国领先的互联网技术公司，为用户提供免费邮箱、游戏、搜索引擎服务，开设新闻、娱乐、体育等 30 多个内容频道，及博客、视频、论坛等互动交流平台。网易在开发互联网应用、服务及其他技术方面，始终保持国内业界的领先地位，其强调人与人之间的交流和共享，实现"网聚人的力量"。

4）腾讯

腾讯是中国浏览量最大的中文门户网站，腾讯网从 2003 年创立至今已经成为集新闻信息、区域垂直生活服务、社会化媒体资讯和产品为一体的互联网媒体平台。腾讯网下设新闻、科技、财经、娱乐、体育、汽车、时尚等多个频道。

比较而言，业务频道是门户网站的基本要素，门类齐全的频道对于用户的使用是大有裨益的，也是提升用户数量的必需方面。相比之下，新浪在频道数量上最多、划分得可谓最细致，腾讯最少、划分得却也扼要，因此从基本功能上来说，是并没有什么差异的。

其次，从界面的排版上来看，经过数次的改版调整后，"门"型结构的布局是四大门户网站都热衷的。网站导航、网站导读、焦点内容、推荐部分，利用色彩、线条来划分区块，使网页结构合理，层次分明，而且都采用了围绕 Logo 而展开的配色。

最后，从网站的结构层次来看，除了腾讯一家门户网站是线性结构，其余三家均为网状结构。网状结构的互动性可以给予受众更深入的体验。

3. 门户网站的移动化挑战

互联网发展到 2010 年左右，4G 技术的应用和推广，推动了用户的快速发展。传统互联网滞后于移动互联的发展速度。"两微一端"（微博、微信及新闻客户端）成为时下流行的传播新方式，用户利用微图片、微视频形成信息的传送和转发，提升了用户即时互动水平。微传播满足了用户浅阅读的需要。内容传播的数据化、可视化与微传播一脉相承。门户网站的移动化趋势明显增强，支持移动端的发展，依然要兼顾传统 PC 端的发展。移动端的广告盈收能力仍在发展，但从现状来看，其仍无法完全替代主流网站的地位。所以不仅要着眼于"两微一端"的平台发展，也要统筹两端、两网的平台建设和传播方式转变。"两网"

既包括 PC 端的主网，也包含 WAP 网站建设。传统的 PC 端，频道类型多，信息数量多；移动互联的时代，仅仅依赖传统的、大量的信息堆砌无法带动流量和点击量的强劲增长，PC 端的快速增长必须依靠技术进步来实现主网的轻便化、简介化改进，满足读者浅阅读的需求。WAP 网站的建设是 PC 端和两微一端的重要一环，其建设需在四个方面积极实现：第一，焦点新闻占据 PC 端的主要位置；第二，实现主平台的分享功能；第三，与其他的客户端平台达成更多的技术标准协议，实现多平台发展；第四，形成自己的网站客户端，提升内容的发布效率。基于门户网站，从新媒体出发，形成两微一端的发展，定制化、数据化、移动化已经成为传统门户发展的未来趋势。

传统网站要求我们更多地注重首页要闻、重点板块，因此这对编辑的综合能力提出了更严格的要求，不仅需要在技能方面需要提升，思想的深度和厚度是编辑能力的综合体现。自媒体和各种类型的公众号，充斥于各大网络平台，如何筛选出有效信息是我们需要面对的问题。PC 转移向移动端，将会带来更多的流量；技术与平台网站的结合，要求新闻平台必须走地域覆盖的道路。

移动端的重点在于客户端，但并不是忽略微博、微信的存在。微信现今已经发展成为具有 6 亿人的 App，是具有强用户黏性的社交平台；微博是面向对象多样化，社会传播面广的社会类媒体平台。社交圈、话题圈是传播方式未来的趋势。各大客户端是未来发展的优先级，微信、微博将会作为下一层级，构成主次分明、重点突出的多维度的传播格局，使新闻网站利用移动化趋势，实现社会化媒体的广泛性和开放性发展。高效的新闻制作流程，不同部门人员的积极配合，才有利于完成高效率的内容制作，形成可视化、数据化的新闻内容，有效地解决移动化迁移的内生性问题。

6.2　新闻客户端

2010 年以后，新媒体进入了快速成长时期，纸质媒介、电视广播所代表的传统媒体受到剧烈冲击，2010 年中国智能手机设备的持有用户已经达到上亿，手机早已从通讯功能优先的设备进化成了多种信息传送为一体的多功能智能设备。基于智能手机所开发的各类应用程序，已经促使人们在自己碎片化的时间里积极讨论各类信息。手机设备的发展严重冲击门户网站的战略布局，如何利用好移动设备进行信息的传送，引发了媒体人的深度思考。手机新闻客户端是传统媒体积极适应移动终端的表现。门户网站利用自己开创的门户网站品牌影响力，纷纷开发出自有品牌的新闻客户端。新闻类 App，提供最新的一手的新闻资讯的应用程序包含 IOS、Android 两种类型。伴随着新闻客户端的火热，新闻客户端也逐渐成为网民，特别是年轻网民获取新闻资讯的主要途径。

根据中国互联网信息中心（CNNIC）的统计显示，截至 2015 年 6 月，我国网民规模达 6.68 亿，其中使用手机上网的人群占比上升至 88.9%。2009 年末报刊媒体已经出现新闻客户端的应用程序，新闻客户端的快速发展标志着移动互联网时代的来临。各门户网站在下一年度相继推出各种新闻客户端软件。搜狐、腾讯、网易、百度、今日头条等客户端到 2013 年前就积累了相当规模的用户。2014 年可以说是移动客户端重新布局的年度，人民日报、新华社客户端也同步上线，澎湃新闻在当年 7 月也推出自己的 App。2015 年，新闻客户端建设的浪潮更加火爆，传统媒体、门户网站及各种信息提供商纷纷涉足客户端，特

别是在 2015 年 9 月以后，无界、封面、上游等客户端先后上线，在中国传媒版图中形成了
"东、西、南、北、中"各有代表、齐头并进的格局。

过去，不同媒体有不同的竞争指标，如报纸、期刊看重发行量，电视看重收视率，电台
看重收听率，WEB 网站看重流量等；但是到了新媒体时代，大多数媒体或平台几乎都集中
到了客户端这一舞台上展开竞争，因此，客户端的下载量与活跃度成为考量媒体传播力和
影响力的标准之一。据易观智库统计，2015 年北京、上海、广州等"一线城市"平均每台设
备已安装 1.85 个客户端，本书从 3 个角度对当前新闻客户端的架构类型进行解析。

其一，从主办方的类别看，有的依托于传统的媒体机构，如人民日报、澎湃新闻、并读新
闻等；有的依托于商业门户网站，如腾讯新闻、搜狐新闻等；还有的属于客户端时代出现的原
生品牌，如今日头条、ZAK-ER 等。当然，依托于传统媒体机构设立的客户端还可以进一步细
分为中央媒体、地方媒体及行业媒体，或者主流媒体和市场化媒体等不同类别。

其二，从内容生产加工模式看，新闻客户端可以分为以内容见长的原创类客户端和以
大数据整合为特点的聚合类客户端。前者多为媒体机构创立，而后者多为商业机构设立，
这与当下的新闻管理规定是相符的。

其三，从资金来源和管理体制上看，有新闻机构或商业机构自筹资金的，有新闻机构
和技术服务商共同创办的，还有新闻机构引入社会资本联合创办等几种类型，特别是后
者，对我国传统的新闻架构模式有一定的颠覆性，引发了较多的关注。

商业门户网站客户端是吸纳网民关注的主体。尽管新闻客户端呈现出喷薄之势，但从
现有格局而言，以商业门户为依托的客户端仍是吸纳网民的重要力量。从一些公开发布的
客户端影响力排行来看：比达咨询 2015 年 6 月数据显示，从二季度的累计市场用户比率来
看，搜狐新闻、腾讯新闻、网易新闻、今日头条、新浪新闻位列前五；信诺 8 月数据显示，
从月度覆盖率看，腾讯新闻、今日头条、网易新闻位列前三；而易观智库 8 月数据则显示，
腾讯新闻、今日头条、搜狐新闻位列前三。不同种的咨询公司有不同的排名，但总体上看，
商业门户创办的客户端一直居于领先，特别是腾讯，依靠微信和 QQ 两个平台的导流，目
前优势最大。比达的调查数据还显示，在重大事件报道用户关注度和首选率两个指标上，
搜狐、今日头条和腾讯客户端仍稳居前三位。

6.3　网络社区

网络社区（Network Community），是人类借助计算机技术和网络通信技术，利用互联
网形成的新型特殊社区。网络社区的形成基于相同的兴趣爱好，通过互联网平台，构成网
络空间，可以满足人们的各类需要。网络社区包括网络论坛、贴吧、聊天室、在线聊天等网
络空间形式。

1. 网络社区的形成与发展

网络社区最初的发展始于 BBS（Bulletin Board System），直译为电子公告牌系统。在
该平台上，能够方便快捷地执行数据的上传下载，实现新闻的阅读以及用户间的信息交流
功能。上个世纪 80 年代，就已经出现调制解调器和电话通信的拨号 BBS。当时技术条件还
不成熟，所以 BBS 中只能是文字形式的内容。其主要服务局限于档案和软件的下载以及讨
论区的转信。互联网普及速度的加快，加上 HTTP 多媒体网页的出现，基于文字形式的

BBS 网络地位开始下降，越来越多的是 WEB 站点的讨论空间。

发展到现在，BBS 更多是指"网络论坛"，与最初的文字形式传播的概念相去甚远。我国的网络社区原始状态也是源于 BBS。在北京创建的长城站是最早的 BBS 论坛，最初日均访问量仅为十几人次，用户大部分是中国的留学生。随后，国家智能计算机研究中心开发出曙光 BBS 论坛，被誉为是中国网络社区的开端，吸引了我国最早的一批网民。BBS 发展初期的用户对象局限于科技研发人员和计算机发烧友，还有国外学习的留学生，其功能主要集中在新闻内容的制作和发布、信息的交流和互动式问答。互联网知识的普及，催生了各类 BBS 站点的出现，BBS 的优点也被后来出现的应用深度挖掘。

大型的个人社区——西祠胡同和 CHINAREN 开发出基于群组讨论的网络社区，这标志着中国网络社区又一里程碑事件的出现。CHINAREN 的功能应用更为强大，不仅涵盖了游戏、邮件等多种应用程序，还提供主页、日志等一系列服务内容，群组讨论和聊天室的形式也成为当时网站所流行的应用。聊天室作为最早的网上聊天方式，以其方便性深受用户的喜好。

再如"163 网易聊天室"，其在线人数最多时可以达到 98 万人。从早期的聊天室的功能应用来看，更多是基于用户的聊天的需求。即时通信工具的出现丰富了沟通方式，传统的聊天室不能满足人们的社交需求，聊天室的地位也一落千丈。

"全球华人的网上家园"是天涯社区的自我定位，从 1999 年成立至今天涯社区一直以其开放、多元的特点深受用户的追捧。从 2000 年发展至 2010 年，天涯用户量已经突破了3500 万人，天涯社区将博客、论坛作为基础的功能应用，涵盖了虚拟商店、问答个人空间等各类的增值服务，发展成为综合性的虚拟网络社区和社交平台。天涯社区的用户群的精英人士向泛大众化的发展，也清楚地反映了中国互联网用户群的变化，越来越多的人成为网民，积极地参与网络话题的讨论，提供各类问题的解答。用户群体的多元化，实现了网络社区整体结构的调整和功能应用的突破，也进一步提升了网络社区价值。

2005 年，我国网络社区发展进入了 Web2.0 时代，国内各类社区层出不穷。专业类领域的网络社区欣欣向荣，包括书评、影评、乐评为主的豆瓣网、色影无忌、铁血军事等。各类综合性和专业类网络社区共同发展，集聚了网民数量的绝大多数。第一代网络社区具有开放性和虚拟性的特征，社区用户在见面不相识的情境下能够在网络上实现社交。第一代网络的虚拟性特点虽然给人们带来社交方式的便捷性和较大的自由空间，但从另一个角度来看，网络社区的商业化部分明显不够，用户身份的真实与否，用户在论坛中发表评论的真实性都有待商榷。所以，实现"现实人的沟通"的第二代网络社区开始兴起，新型社交网站(SNS)很好地实现了这一点。

国外 FACEBOOK 的兴起，带动了国内 SNS 网站的一波发展热潮。2005 年 12 月，我国最大最具有影响力的 SNS 社区——校内网(后更名为人人网)成立。校内网的注册具有严格的身份限制，而且必须是基于校园内的 IP 地址或者大学电子邮箱。人人网不仅大力挖掘在校大学生用户，而且向已毕业的校友扩展，建立起整个关系网络。

从整个 SNS 的发展来看，作为第二代网络社区的特殊典型，人人网在网民的自主性和互动性上比第一代要进步得多。第一代在内容的展示上下了不少功夫，而第二代更多是从用户的需要出发，关注用户需求，真正做到了以用户为中心。其主张的实名注册，加强了社交网络的真实性，提升了用户间的信任。这种基于现实的网络社会关系，通过有效的技术手段，实现了人际关系网的革命，也实现了网络社区的真实性与虚拟性的融合。

第二代网络形式与第一代网络的相互补充，相互融合，创造了网络社区发展的新局面。

2. 国内网络社区的类型

纵观全球网络社区的发展，其表现形态也呈现出多样性的特点。从新媒体的不同主体来看，可以将网络社区分为媒体主办型社区（如图 6.1 所示人民日报旗下的"强国论坛"）、企业主办型社区（如"人人网""开心网"等）、个人主办型社区（由于国情原因，国内这类社区大多已经关闭或者转型为企业主办型）。此外，国内高校通常还有校内 BBS 社区，如清华大学的"水木清华站"、图 6.2 所示上海交通大学的"饮水思源"BBS 站等。

图 6.1　人民网"强国论坛"

图 6.2　上海交通大学"饮水思源"BBS 站

根据使用对象的不同，可以把网络社区分为开放型社区和封闭型社区。开放型社区面向大众开放，一般公众均可使用，大部分网络社区属于此类社区；封闭式社区只面向特定人群开放，此群体外的公众无法使用，代表性的如高校的BBS站点，通常只面向本校师生和校友开放。

根据功能的不同，可以把网络社区分为言论型社区（如"强国论坛""中新社区""天涯社区"），此类社区主要是表达个人观点；交易型社区（如"拍拍网""易趣""当当网"等）、SNS交友型社区（如"人人网""开心网""校友录"等）、生活兴趣型社区（如图6.3所示摄影社区"色影无忌"论坛、户外旅行社区"磨房"等）。

图6.3　"色影无忌"论坛

3. 网络社区的传播特征

滕尼斯在自己的书《社区与社会》中，首先提出"社区"的概念。简而言之，他认为社区是成员内部关系密切、但排外性明显的社会关系群体。滕尼斯对社区的定义中，"地域"的因素并没有纳入其中，但是在其后的很长时间里，研究者把"地域"这一因素注入了社区的概念中；社区概念中所指的"人类社会生活的共同体"被理解为人类社会生活的"地域性共同体"。但是，生产力的不断发展改变着人类的交往方式，血缘关系和地域关系所形成的社区的空间限制被打破，现在意义上的社区多是从人际关系的层面考虑的。学者韦尔曼和雷顿呼吁人们更多地去关注多层次的人际关系所形成的社区。"突破时空限制所形成的基于相同爱好、有着共同价值追求的群体和社会组织"这一概念是对滕尼斯的定义的重新表述。网络社区就是这种打破了地域界限的社区形式。

传统意义上的社区，是局限在一定地理范围内的社会组织，乡村、部落等，往往都带有地域性。网络社区不仅能够连接起有着相同价值观的用户群，还突破了时空限制。与传统社区相比，网络社区能够连接起来的人数更多，群体借用互联网来达到整体的互动和发展。网络社区虽然缺乏基本的物理空间性要件，但是它利用人们对于集体效应的需要，迎合了人们对于群体的归属感的满足。与传统社区比较而言，网络社区有以下特点：

（1）虚拟性。互联网构成的是一个无中心的虚拟空间，其将不同地域的用户个体通过互联网的形式连接，使得用户能够跨域空间的限制，在虚拟空间形成自己的人际互动关系。一般情况下，网络社区中的大多数用户信息都不真实，一人在同一社区中有多用户名的情况屡见不鲜，这就意味着用户数量虚增的情况。

（2）平等性。互联网作为全球信息媒介，一直坚持"去中心化"的方向，积极鼓励更多的普通大众参与到新闻、话题的讨论当中，阶级、收入、种族在互联网空间中的限制明显缩小，这样有助于实现用户的平等发声，突破官僚等级制度下所不具备的公平性。

（3）及时性。传统社区的约束较大，信息传播的实现和互动性较差，与网络社区相比用户信息的沟通与交流具有明显的滞后性，基于 BBS 的及时回复、发帖，都是网络社区及时性的体现。

（4）广泛性。网络时区最大的优势就是突破了时空的限制，将不同国籍、不同距离的用户连接起来，与以往的传统社区的传播方式比有了很大的进步。

（5）价值规范的特殊性。社区中的不同群体用户基于相同的价值观和普遍遵循的规范，共同构成一个相对稳定的组织，共同遵循的规范是社区成员的内核，它决定着社区用户的同质性与否。社区用户对于价值规范的理解不同，比较容易造成网络社区的内部的不稳定性。网络社区中也包含此类问题，网络社区要求用户的强信任感和参与感，对于价值规范的遵守则较脆弱，需要网络社区成员的高度自觉性。

传统的社区中成员间面对面的沟通频率较多，舆论环境和法律的制约也较多，对于成员的行为要求较高。网络社区用户的交流虽不及传统社区多，但依然需要当做有效的交流来看，而法律规范的作用在网络社区较弱。网络社区的自由性极大，与传统社区相比离开社区的成本极其低廉，注销账号的方式非常简单，而且不再参与社区问题的讨论可以直接不再登录此账号。

网络社区的基本特征不仅如上所述，从话题方面来看也呈现出新的特征：

（1）话题衍生的多元化。每个网络社区的真实身份或多或少都有部分的隐藏，所有的用户身份信息都可以随便更改和造假，网络社区的用户能够"畅所欲言"，用户将话题的主动权牢牢把握在自己手中，网民有权自主设计议题，故在多样化的网民面前，"议题设置"相对应传统媒介就显得更加多元化。

（2）"信息把关"更加困难。版主作为网络社区的管理者，虽然有删除帖子、封禁用户的 ID 账号的权利，但与传统的媒体相比，有效地控制信息传播的难易、手段、成本就有相当大的差异。

（3）沉默的扩散效应。人作为社会群体大多会避免因为自持不同的观点将自己置于孤独的状态。所以支持受欢迎的见解、观点是大部分人所倾向的选择；而那些不占主流，或者很少人支持的意见会被人所忽视。经过多次的信息筛选，受众度高的意见被大家所接受，沉默的小部分继续沉默。

6.4　搜　索　引　擎

互联网时代的迅猛发展，伴随着信息对于个人或者企业的重要性。2022 年中国互联网信息中心的《第 49 次中国互联网发展状况统计报告》显示，截至 2021 年 12 月，我国的搜索引擎用户规模达 8.29 亿。信息的收集方式越来越占据重要位置，个人在获取信息时不再局限于图书、期刊、报纸等纸质的传播媒介，而更多借助于 WEB 搜索引擎工具。我国网民使用的各类搜索引擎达到六种以上，如百度、谷歌、必应等综合类搜索引擎，知网、万方、读秀等专门的学术搜索引擎，以及其他领域专业类的搜索引擎，基本满足了用户检索信息的需求。

1. 搜索引擎的概念和传播特征

传统的观点认为搜索引擎主要是指从万维网的网页资源中，对信息进行有效地收集、整理、分类，与其他类型的信息资源关系较小，但在互联网浪潮的带动下，传统概念的收集网页资源有了新的信息搜集渠道，如 FTP 信息资源等。

搜索引擎的实现方式往往是用户在自有的设备界面的文本框中，运用键盘键入相应的文字、数字或者问题，将问题交付给搜索引擎来解决。搜索引擎会自动地基于检索所提出的要求实现相应的问题的回答，给用户提供所需的信息资源。搜索引擎的传播形态与微信类似，都是从最初的用户的主动行为出发，进行信息的获取，而且搜索引擎的传播方式比微信更加封闭，信息的来源和收集完全基于用户自己，用户之间的交互性较差，只有主动输入信息，激发搜索引擎的功能才能实现信息的获取。

从搜索引擎的特征来看，搜索引擎功能的外延扩充了用户信息选择的范围。以百度为例，搜索服务从简单的网页搜索发展为视频搜索、软件搜索、翻译搜索等多种类型，用户完全可以从自己的需要出发，自由地选择所需的搜索方式和工具，以减少花费在信息检索上的时间。搜索引擎技术水平的提高提升了用户检索的效率，收集有效信息的难度明显降低。智能化的检索系统不同于第一代的目录检索和第二代的全网的超链接的检索，它能够将用户需求和自然语言有效结合，实现用户效应最大化和搜索成本的最小化。移动终端设备的出现扩大了搜索引擎的场景化空间，不仅在 PC 端能够实现搜索引擎的检索信息作用，智能手机上的搜索引擎产品也日趋丰富。为了在用户量上保持行业优势，百度积极布局搜索的推广力度，不断提升用户体验，以此吸引越来越多智能手机的搜索引擎用户。

2. 搜索引擎发展现状、问题与趋势

对于搜索引擎媒体业态，我们从百度公司的发展来剖析。百度，是全球最大的中文搜索引擎。百度发展迅猛的原因有以下几点。第一，百度的经营理念一直是基于用户能够平等的获取信息，将用户的方便性放在首位，不断扩大用户信息检索的范围。第二，坚持技术的创新，拥有世界上顶尖的工程师团队，百度的用户占到全国网民数量的 97% 以上，日均搜索次数上亿次。在越来越多的搜索引擎出现的时代，百度依然占据着搜索引擎的领先位置。第三，创新的搜索引擎营销推广业务。百度借助自身的流量优势与其他行业的发展深度融合，推广有优势的品牌和行业领先者。第四，多元化的优势产品，包括百度百科、百度文库、百度知道等一系列关于知识分享与传播的开放平台，汇聚了优质的精英人才，促进了知识的沟通与交流。

　　搜索引擎快速地更新换代，不仅为互联网的发展做出了贡献，也重新定义了搜索引擎自身的价值。搜索引擎的出现缓解了信息的不对称，并且深度挖掘了信息的价值。尽管搜索引擎的优势与之前几代的相比已经有了很明显的提升，但其缺点与不足仍然很突出。例如，搜索的效率整体偏低，搜索的准确率和全面性仍然需要进一步的优化，信息的更新时间较长；搜索引擎的检索选项范围较小，虽然从生活和学习方面都能实现搜索引擎的利用，但高级检索的利用较困难，精细化、全面化的信息获取的时间花费仍然较长。与外文搜索引擎相比，搜索引擎的性能较低，特别是在搜索引擎的结果输出上，中文搜索引擎的进步空间还很大。

　　搜索引擎未来的发展趋势，可以从以下几个方面进行分析。第一，检索结果的输出更加精细化和精准化，搜索引擎产品的性能的优化和调整，方便用户和企业的工作效率的提高。第二，个性化的服务更突出。基于不同的用户需求，努力扩充用户的个性化板块，深度挖掘用户的浏览词汇和服务器记录的日志信息，根据用户的查询要求不断进行调整，适应用户的个性化板块。但与此同时，用户信息安全的风险性也进一步提高，需要相应的立法来解决。第三，多媒体信息的搜索服务的发展。当前搜索引擎技术仍然处于较落后的状态，不管是从实用性上还是理论阐述上看，图像和声音的特征相关性研究、通用性设计方面等问题需要解决。第四，智能化的搜索引擎将是未来的主要趋势，大数据和人工智能的快速发展能够与搜索引擎很好结合，进一步优化搜索引擎的算法应用，构建用户所需要的信息库系统，实现网络信息的广泛贮存，提取任意节点的信息资源。

6.5　电子商务

　　信息经济的崛起，离不开电子商务的快速发展。作为当今时代的新媒体形态，电子商务在现代商业竞争中的地位不容小觑。可以预见的是，未来商业的发展将在很大程度上依赖电子商务的发展。在商业环境竞争如此激烈的情况下，电子商务的出现对于整个商业业态的影响绝对是空前的。电子商务能不能挖掘出经济增长的新动能？电子商务如何实现宏观经济和行业自身的进一步发展？其机理和未来的发展方向如何？这些都是我们急需认识和解决的问题。

1. 电子商务的定义与分类

　　对于电子商务的定义繁多，清晰地界定电子商务的概念有助于我们尽可能充分认识和理解电子商务。电子商务(Electronic Commerce，E-Commerce)是一系列使用电子手段完成金融交易任务的商务活动。然而，根据另外一些学者的观点，经由计算机网络实现的商品交换和服务买卖均属于电子商务。电子商务不局限于商品的买卖，也包括相关的发生在供应链上的商品的售前和售后的一系列活动。

　　总而言之，电子商务的定义主要可分为广义和狭义两个角度：狭义上来说，电子商务仅涉及到通过网络进行的买卖业务；广义上来看它包括通过通信网络的方式进行的商务信息的交流和商务关系的维护以及保持，相对应的商业企业做出的一系列的商务交易行为。

　　可以说，电子商务创造了全新的市场和经济活动，在快速的信息流转过程和市场动态中扮演着重要角色。电子商务的网络建设为收集和扩散信息提供了基本的基础设施，促进了产品销量的提升和销售渠道的拓展，带动了快递行业的发展。传播形态上，它使用各类电子沟通媒体互联网、局域网、电子邮件、数据库、移动电话来完成相应的任务。电子商务的本质特征是通过完全的电子数字活动进行的商务活动。它往往包含三个部分：产品、过程和参与者。其所谓产品并不是传统意义上的产品，而是指数字产品，即所有可以通过互联网发送和接收的东西，比如商品信息、用户信息、信用信息等。

根据参与者（公司、消费者、雇员、政府）在贸易中形成的关系的不同，电子商务可分成不同特征的模型：B2B（企业对企业）是不同组织之间自动交换信息；B2C（企业对消费者）是指向终端消费者销售商品和服务；B2E（企业对员工），也称为内联网，指向员工提供产品或信息的网站；C2B（消费者对企业）是消费者向卖家要求产品或服务的一种模式；C2C（消费者对消费者）是顾客互相销售的一种模式；B2B2C（企业对消费者）是一种使用B2B模型实现的模型，该模型支持公司在B2C模型上的运营。

2. 电子商务的传播特征和优势

电子商务的传播特征有以下几个方面。

（1）电子商务的传播特征之一是边际效益递增性增强，即随着传播人数的上升，电子商务的收益更高倍数地上涨。互联网的开放性使网络上的信息流转加快，企业和个人获取信息的成本下降，获取的信息资源增加，带来入网人数的进一步扩张，从而带来"集聚效应"，来获取效益的最大化。而企业边界递减性，是指企业边界在互联网技术的环境支持下变得模糊，各种类别的大小企业对自己的经营范围的调整的自由度较高，多元化经营的企业数量明显提升，也进一步推动了企业综合竞争力水平的发展和升级。

（2）从当前的行业发展来看，电子商务的规模化效应突出。2020年，电子商务市场的交易规模突破34.81万亿元，同比增长了6.7%，是2013年全年交易规模的三倍。

（3）电子商务平台的多元化和精细化突出。传统的电商平台淘宝、京东、苏宁易购，专门做特卖的唯品会，以及做二手商品交易的闲鱼也保持着快速发展，垂直电商和精细电商共同发力推动着电子商务的发展。电子商务的消费趋势移动化明显。数据显示，截止到2021年底，手机网民的规模已经达到10.29亿，占网民数量的99.7%以上，手机上网人数的比例不断上升，移动端的电子商务消费发展迅速。

电子商务快速发展的原因有多个方面。本书以淘宝为例进行分析。淘宝作为电商行业领先的巨头，日均在线商品数额达到了8亿件，平台的注册用户突破五亿人，已经发展成为集C2C、团购、拍卖、分销等多种电子商务模式的综合类交易平台。

淘宝的快速发展有以下几点原因。第一，手机淘宝＋天猫的运营模式为淘宝发展和创收提供了基础性平台，不同于只拥有单一应用的平台的其他电子商务公司，淘宝两条腿走路的优势较明显。第二，淘宝不仅开发出买卖双方的在线交流工具阿里旺旺，还创立起具有独立第三方资质的支付宝来解决资金安全问题，激发了用户的购物热情。每年双十一的购物节达成的交易额都能够创新高。2021年天猫双十一成交额达5403亿元。第三，企业规划中将未来的发展方向定位为社区化、内容化、本地生活化。淘宝坚持了这一方向，利用智能手机等移动设备的便利性，紧紧抓住电子商务的多元化经营理念和规模化效应，在农村电子商务和跨境电商上有了较大突破，实现了淘宝的长远发展。

从电子商务的发展潜力上来看，农村电子商务和跨境电子商务是电子商务的发展新趋势，"三农"问题的解决有必要利用好电子商务。农民掌握一定的电子商务基础知识，才能够充分发挥电子商务平台的信息交流和传递的优势。从我国的现实情况看，利用好国家"一带一路"的政策优势搭建起的国际跨境电商平台，实现国际商务信息的互流互通，降低企业间的信息搜寻的成本，为我国企业"走出去"提供全方位的配套服务。

本 章 习 题

1. 门户网站的发展趋势是什么？这对其编辑和运营提出了哪些新的要求？

2. 什么是网络社区？网络社区有哪些传播特征？

3. 电子商务的定义是什么？其发展具有哪些新动向？

网络视频和移动社交视听媒体

娱乐和休闲是传播的基本功能之一。互联网的流行运用如网络游戏和网络视频相关业务属于娱乐类应用服务。根据 CNNIC 的调查数据，使用移动终端娱乐类服务的用户规模不断扩大。2017 年上半年，我国网络普及率为 54.3％，网民规模达到 7.51 亿，手机网民规模达 7.24 亿，手机上网的比例高达 96.3％，手机网络音乐、视频、游戏、文学用户规模增长率均在 4％以上。网络视频用户数为 5.65 亿，其中，手机视频用户规模为 5.25 亿。网络直播用户共 3.43 亿，占网民总体的 45.6％。真人秀直播用户规模达到 1.73 亿，占网民总体的 23.1％。2020 年底，我国网络视频用户规模达 9.27 亿，占网民总数的九成以上。其中短视频用户数量达到 8.73 亿，较 2020 年 3 月增长 1.00 亿，占网民整体的 88.3％。至 2021 年上半年，我国网民规模为 10.11 亿，网络视频用户为 9.44 亿，占整体网民比为 93.4％，其中，短视频规模为 8.88 亿，较 2020 年 12 月增长 1440 万。

网络娱乐产业正在不断走向成熟。网络文化娱乐产业开发视频衍生产品，创造出用户付费、剧集贴片广告、插播广告等盈利模式。在视频制作方面，兴起了 IP 改编和开发热。与此同时，政府加大了对网络视频的内容监管和审查，以塑造有序发展的网络环境。网络视频制作商充分关注优质和原创视频内容的发掘，大力投入视频尤其是短视频的开发、制作和扶持，涌现了以抖音、快手为代表的短视频平台。这类平台在国内大获成功后，开始布局海外市场。

7.1　网络视频

网络视频用户规模和市值不断增加，知名视频网站，如腾讯、爱奇艺、优酷土豆、聚力 TV 等，以网络文学、网络动漫、网络影视、网络游戏及衍生品等全娱乐内容为平台发布内容，并根据内容布局整合开发内容产业链。视频网站继续与其他媒体合作，不仅投资购买电视剧、电视综艺的版权以实现播出平台的网络独家，而且投资制作网络剧、网络综艺。大资金、大投入、大制作是网络视频制作的新常规。互联网作为主流视听媒体的影响力日益突出。从人才聚集效应看，互联网以技术和资本的强大力量，聚集了大量传统媒体的人才。运营新媒体的人员许多来自传统纸质媒体。同样，许多网络视频制作人、网络综艺节目主持人、制作人也来自于传统电视媒体。

网络文创的核心是原创优质内容的开发和制作。网络视频的运营不是孤立运作的，一是要与其他网络文创内容互通互联，合作投资开发，其业务布局是全平台布局。二是在制作出品上，网络公司与影视公司、电视台等通常是合作出资、联合出品，发行上也采取联合发行这样扩大声势的行销策略。网络剧的播出渠道也突破传统的互联网或移动互联网，而是传统媒体与互联网互相渗透。这种台网联播拓宽了网络剧的播出平台。例如，网络剧

《老九门》，网络综艺《我去上学啦 2》《约吧大明星》等，在电视台播出的同时，腾讯视频等网络平台提供付费剧集抢先看的业务，不仅台网联动，而且为剧集即时变现提供空间。在制作方面，传统媒体涉足网络视频制作，如中新社出品的《微世界》。各电视台以及慈文传媒等影视剧制作公司也纷纷触网，与视频网站联手，加入网络剧制作阵营。2016 年，流行网络小说变成大热 IP，根据热门 IP 改编的网剧十分抢手，付费观看的用户习惯从网络文学市场迁移到网络视频市场。至 2016 年底，中国成为在北美、欧洲之后的第三大付费市场。国内付费视频用户数量为 7500 万，网络剧的生产日益摆脱低投资制作的起步阶段，制作经费和投入成本增加。视频网站向国外影视剧制作公司如《纸牌屋》的出品方奈斯公司学习，投入大量资本，聘请知名编剧、导演、艺人组成的制作团队，打造如同电视剧一样的网络大剧，如热门 IP 剧《老九门》、《三生三世十里桃花》，其制作及演员均为明星阵容。有资本的加持，网络剧质量日趋精良，有比肩电视剧之势。在网络视频的制作生产日益精良的同时，网络视频形态也在不断创新，微视频、短视频、视频直播等风靡一时。

　　2016 年是网络综艺元年，网络自制节目如网络综艺、网络直播、网络剧、网络电影等类型异彩纷呈，网络视频的形态之一——网络直播服务形成网络景观。至 2016 年 12 月，网络直播用户规模达到 3.44 亿。直播业务如火如荼，各互联网企业纷纷助力视频直播业务，如腾讯、爱奇艺、优酷等，细分类的网站如熊猫 TV、斗鱼、花椒等直播平台也杀入市场。网络直播业务早期以 YY、六间房为代表。YY 早期以语音业务为主，多运营大型多人在线角色扮演游戏（MMORPG）聊天，在 2015 年直播浪潮时期转向直播，变成直播平台。

　　从网络直播的内容类别来看，游戏直播和真人秀直播用户使用率显著提升。直播平台内容以游戏直播和演唱会直播、体育直播、旅行直播、展会直播、户外直播和日常生活秀直播等为主要类型。例如，斗鱼直播（如图 7.1 所示）、全民直播等电子竞技游戏类直播；腾

图 7.1　斗鱼直播平台

讯视频、爱奇艺等商业类的视频网站发布的娱乐体育节目；以及达人、网红直播秀，如六间房、美拍、抖音等。

诸多网络视听平台推出原创内容激励计划。一般来说，平台要求优质内容生产（PGC），专业的精品内容生产是平台发展的重要部分。然而，随着互联网用户参与性和互动性的增强，特别是越来越多的平台涉及直播，用户自生成内容（UGC）成为发展趋势。这些用户自生成内容包括短视频、影视作品、微电影、纪录片、真人秀以及在线直播互动等，大部分作品保持了一定水准，获取了大量粉丝和流量，成为平台快速发展的主要驱动因素。当然，用户自生成内容也存在制作专业程度低、质量较差和低俗等问题，使得平台内容定位难度加大以及审查困难等。随着网络直播的加入，平台通常允许弹幕，允许观众自由评论、随意发表意见，以实现用户之间、用户与主播之间的实时互动，方便主播根据用户意见随时调整内容策略，更新节目。直播的兴盛体现了网民围观的兴趣。打游戏等直播与欣赏比赛相似，有共同观看的乐趣。直播给网民提供了了解他人生活的途径，满足了人们希望关注和被关注的需求。

网络内容生产行业集中度较高，如互联网公司腾讯是国内最大的网络游戏、网络文学、网络动漫的内容服务商。网络文学和网络动漫、网络游戏等是内容生产的 IP 来源。互联网影视制作公司依赖网络文学市场中沉淀已久的 IP 的发掘，依靠明星团队进行 IP 内容的电视剧和电影的输出，这种商业模式打造了不少精品。热门 IP 意味着高流量，具有较大开发价值和市场价值。网络视频运作时下常采取影视剧联动方式，有的是先开发电视剧，再开发电影，有的则相反，或是电视剧和电影由同一家影视公司开发，同期推向市场。例如，网络文学作品《三生三世十里桃花》先有电视剧版，由华策推出，一时走红，拥有大批观众，之后阿里影业推出电影版，并顺势推出与电视版不同的角色主演，引发观众的好奇心。又如华谊兄弟的怀旧电影《芳华》票房不俗，电视剧《芳华》随之开拍，电影和电视剧就同一个故事的不同视听语言呈现相互造势，整合营销。文化内容生产与互联网相互渗透，实现内容产业的资源整合和资本运作。这一整合营销借鉴了国外的经验。以动画内容为例，钢铁侠、蜘蛛侠等漫威超级英雄系列电影的运营，是人物形象电影的成组推出，而不仅仅是单一人物的运作。其实质是内容的整合运营，或者说 IP 的联动。漫威系列故事，故事与故事之间相互关联，人物与人物相互关联，电影不是单一的剧集，是放在整个系列中运作的，容易通过品牌附着激发用户的内容消费行为。

7.2　移动社交视听媒体：抖音和快手

互联网发展进入下半场之后，机器学习、算法机制推动信息产品的外在形态、分发流通渠道迭代创新，以抖音、快手、火山视频、西瓜视频为代表的短视频平台一时风靡。如图 7.2 所示，短视频用户规模和使用率快速增长，到 2021 年达到近 9 亿用户。其中抖音是字节跳动旗下品牌，以"记录美好生活"为广告标识语，成为当今全世界第一大短视频平台。而快手以"记录生活记录你"为标识语，头部竞争者的广告标识语显示了短视频消费者和生产者身份的重叠。

图 7.2　短视频用户规模

短视频风行的用户与社会基础如下：

（1）5G 宽带网络是继 1G、2G、3G、4G 网络后的新一代无线通信网络，以人机交互、万物互联为设计理念，将互联网、物联网和智能设备相互连接。5G 通信技术赋予用户和物体更多的链接特性，意味着更大规模的带宽，更稳定、更迅速的通信速度，更优质的用户体验。互联网终端经历了从大屏幕到小屏幕的阶段，并正在经历从小屏幕到多屏幕融合的阶段。当前，绝大多数网民接入网络的方式为移动端，这一传输介质和终端的变化意味着信息终端消费产品形态的变革，也意味着信息发布符号类型和用户使用场景中介质的变化。除目前主流的手机屏幕、iPad 等屏幕之外，智能手表、可穿戴设备等均可能成为未来的信息传播终端。

（2）移动宽带网络服务提速降价，视频存储、上传和下载的时滞降低，是短视频兴盛的通信基础。智能手机的普及是短视频风靡的硬件基础。一代带宽跟随一代的主导内容形式，互联网的发展经历着文字—图像—视频为主导的表现形式的升级，视觉愈发位于中心地位。读图时代渐行渐远，没有短视频，不叫新媒体。在微内容的表现形态从文字、图片为主过渡到视频传播为主的时期，短视频 App 目光独到，敏锐地抓住了用户需求的变化，做大了短视频市场。短视频的勃兴见证了视觉传播外在形态上所经历的从图片到影像的突变，以及以 00 后为代表的年轻一代在信息接收方式上偏好视觉传播尤其是微视频的消费行为变革。

当下信息传播的内容形态表现出小屏幕和多屏幕传播的"小而微"内容趋势。以抖音为例，短视频流时间长度一般在 60 秒以内。短视频平台前端内容呈现适合手机小屏幕的竖屏传播方式，内容长度适合用户碎片时间和碎片使用场景，界面设计适应无线互联用户的使用习惯。短视频平台不仅是内容聚合和分发平台，还是一个聚合用户，聚合技术与技术、企业与用户、用户与用户关系的链接平台。短视频平台的内容推荐页面和算法机制在草根中生产了一批从事内容生产的网红。新媒体平台为普通用户价值赋能，而用户自生成内容与用户对于视频内容的轻量观影心理的合拍带来手机短视频 App 的爆红。

（3）短视频 App 在信息生产环节通过新技术赋能，创建用户参与内容生产机制，激发用户参与生产和内容创作的兴趣，促进普通个体轻松生产优质内容。短视频 App 通过滤镜、场景切换等技术，创新产品的用户交互体验，结合 AR、AI 新技术的短视频 App，使用户能傻瓜操作，快速生产短视频。用户可将所拍摄的日常生活系列照片按照模板轻松转变为视频，而且可以自主选择视频的背景音乐，极大地激发了用户的信息生产热情。在内容生产和用户关系上，短视频秉持互联网包容创新的精神，实现了传播形态创新和内容生产创新的统一，深度发掘了用户的市场价值和用户连接的关系价值。

另外，短视频内容生产者与消费者主体同构：

（1）短视频用户数量在 2018 年春节后井喷增长。用户上网终端向小屏幕转移的同时，用户移动在线时间继续增加，数字娱乐是移动互联的主要应用。短视频的风行使得众多互联网头部企业，如百度、阿里、腾讯等纷纷进入短视频市场，抢夺用户。短视频企业在抢滩市场、急速扩张的同时伴随内容审核上的失控。流量是互联网平台的基础，短视频平台的头部内容在首页等显著位置强势推送的更多是娱乐内容，用户在刷页面的过程中获得快乐，其使用心理以消遣、放松心情为主。其信息的获取和使用多属于信息快餐，用户的深度思考退位，尤其是对头部信息推荐的算法运作的无意识。算法通过显示用户偏好的大数据基础，基于用户个性推送偏好内容，前端用户界面设计采用沉浸式设计，用户在刷视频时，难以觉察到时间流逝，玩家"一刷就停不下来"的背后是平台建构和设计机制对内容玩家的反向控制。

（2）国外学界将用户的双重身份定义为"Prosumers"。用户既是信息的生产者，又是信息的消费者。用户录播自生产内容与经受过新闻生产训练的专业媒体机构的典型差异在于，前者以点赞、点击率作为导向，缺乏对内容伦理和价值观的基本认知。而短视频运营的平台作为内容分发平台，内容审核是内容风险防范环节的必要一环，应当首先实现控制把关。短视频 App 运用算法和人工智能技术，实现信息产品内容生产方式和表现形式以及用户交互方式的创新，给用户带来信息生产和发布的乐趣。

短视频平台将内容与场景、娱乐相融合，将信息消费与产品消费相融合。短视频企业在社交媒体平台地位稳固后，开始了新的商业模式探索。通过直播，短视频平台实现了商业变现。2016 年，快手上线直播功能。在累积庞大的用户规模后，短视频企业与唯品会、苏宁等电商合作，切入直播电商平台，短视频、直播和电商几乎是所有短视频 App 的基本设置。短视频平台通过深度发掘社交属性，开发了以长视频为形态的直播，视频直播提升了主播的个体价值，有助于消费者实现与线下门店产品销售相似的数字在场感，而粉丝打赏为短视频平台贡献了继广告之后的盈利模式。不断发掘用户需求，创新融合发展是未来短视频发展的方向。

7.3　视　频　直　播

1. 泛娱乐直播为主，多类型平台共存

电视直播一直被认为是传统直播的主要方式，但伴随着以秀场直播为代表的视频移动直播的出现，直播内容的娱乐属性逐步增强。作为内容提供方的主播，其核心竞争力由颜值转向了强大的互动能力以及有更多的特殊才艺。主播虽然已经形成规模，但是缺乏差异化的特征，所以主播同质化的现象比较严重，主播培训体系的标准需要进一步细化。同时，各大直播平台的自制活动和版权活动的优质资源较为稀缺，而作为用户方的需求不断扩大，造成了有效需求严重不足的问题。

就直播平台的类型来看，时下主流的直播平台就是泛娱乐类直播，在整个市场中的占比达到 51.1%，相较其他直播平台基础运营费用更少是泛娱乐类直播平台快速发展的重要原因；游戏类的直播大概占据 18%，游戏直播平台通过弹幕、评论的方式，能够与用户之间实施有效互动，给游戏用户更多交流的机会；垂直类直播平台的占比仅次于泛娱乐类直播，垂直类直播作为传播的载体，与其他行业的良好结合实现了 1+1>2 的效果；版权类直播受限于自身稀缺的直播活动资源的问题，平台数量一直较少，发展速度与其他类型的平台相比也较慢。

就产业链分析来看，直播行业中内容的提供方和直播平台趋向于多元化发展，用户的习惯正在慢慢培养。虽然不同类型的直播平台的内容差异性较大，但不同类型平台也在寻求如何更多地结合其他类型的直播方式，以此形成自己的多元化的发展方向。面对泛娱乐板块的变现优势，增加泛娱乐内容板块是其他各类直播平台的不二选择；泛娱乐直播出于用户数量和用户黏性的考虑，更多地开始向垂直化直播的方向挖掘，相互借鉴学习，各大直播平台的综合性有待进一步提高。

2. 直播平台营收模式

直播平台的营收模式主要有两种。

(1) 用户付费，将用户打赏的功能放入到直播平台当中，或者提供相应的增值服务给用户，用户进行付费收看。

(2) 广告付费，包括不同直播平台的游戏直播广告收入和直播的服务收入。

第一类的用户付费是当前直播平台的主要创收方式。从 2016 年直播方的收入结构来看，用户付费占到直播平台营收结构的 80% 左右，而营销收入只占 20%。

泛娱乐、游戏类内容直播利用了直播的互动性特征，用户和主播互动时所使用的打赏功能使平台能够获得收益。直播平台对于不同主播获取打赏的能力和发展等级的不同制定收益分成规则。进入直播平台的流量越多，主播和用户的互动性越高，主播所能够获得的收益越大，直播平台相应也会拿出更多的分成比例。所以主播和直播平台的收益息息相关。版权类平台的发展方向依然是以用户付费的增值服务为主，直播内容突出有效知识的获取和观看，互动性比泛娱乐类差。目前具有优质直播内容的大型演唱会、大型活动的直播依然是极为稀缺的资源，这就突出付费观看是其主要的营收方式，同时有免看广告和个性化的内容定制等个性化服务。从整体上看，泛娱乐类、游戏类直播的用户以打赏付费为主，版权类的用户主要以提供增值服务为主。直播平台的用户打赏的付费资金流向大多是平台抽成 25%，经纪公司和平台的主播分享其他的部分。

3. 直播营销价值显现，开始"直播＋营销"的探索

直播平台的营销方式主要有三类：

(1) 展示类广告，深耕直播平台，开发出更广泛、宽泛的用户群，实现营销曝光的有效性、针对性。

(2) 原生类营销，深入用户内心，方便用户对展示产品的了解，多维度地展示产品的使用效果，实现用户体验与真实感官差距最小化，扩大产品的品牌效应。

（3）服务类的营销，利用直播平台的实时性特点，各类个人、企业直播的活动现场结合直播的实时性特征，扩大场景展示空间，突破地域限制，由线下的营销展示转为线上推广。

4. 视频直播行业的影响和问题

从受众群体的影响来看，视频直播引入了目标群体指数，该指标反映目标群体在特定的研究范围内的弱势或强势（目标群体中具有某一特征的群体所占比例×标准数）。第一，网络直播的男性用户更多，占整个直播用户的 62.5%，同时 TGI 指数更是达到了 110.8。第二，从移动设备的使用系统上来看，安卓系统的用户更多，占比达到了 81.1%，TGI 指数也达到了 112.9。第三，观看网络直播的人群更多集中在 35 岁以下。我们可以认为 90 后人群已经成长为网络直播的主要用户，这与网民的年龄分布基本类似，受众的用户呈现年轻化、低龄化的特点。

从其社会影响方面来看，网络直播已经成为商业的新模式。随着个人电脑和智能手机的广泛普及，上网的人数不断增加，网络直播的收看人数是整体网络使用人数的三分之二。直播平台的受众度的提高和受众群体的年轻化对于行业的发展是有进步作用的，直播过程中的广告能提升产品的知名度，从而促使商家积极发展适销对路的新商品，迎合现在年轻群体的喜好。通过网络视频直播的宣传与积极营销，可以创造其他行业发展的新业态。

网络视频直播也已经成为收看视频的流行趋势，网络直播可以随时随地进行收看，没有实际和地域的限制，能够准确快捷地传递信息。传统的电视直播，设备的使用极为不便，而且受到只能在家观看的限制，电视直播中主播与用户的交互性较差，用户与主播的互动性很少，不能及时获得观众的有效建议，在快捷性上不如网络视频直播，所以网络视频直播对于传统的电视直播行业冲击较大。

网络直播的整体收入水涨船高，吸引了更多的素人加入到职业主播的行业，各大直播平台成为全民公共的副业平台。从业人数的扩大有利于聚集更多的人才资源，然而新行业的发展和成熟需要一个长期的过程，主播人数的扩大固然能够给网络直播行业带来更多的人力资本，但是网络主播的群体鱼龙混杂，部分主播也存在一些不良行为，这无疑会破坏行业的良性发展，对行业的进一步发展极为不利。

此外，网络直播的同质化竞争严重。2016 年是网络直播发展最为迅速的一年。众所周知，网络直播的门槛低、获利快，网易 BOBO、百度百秀、腾讯新闻客户端等直播入口的出现推动了直播行业百花齐放、百家争鸣的局面。在国内网络视频直播竞争越来越激烈的情况下，各大网络直播平台的泛滥式发展引发了行业内的恶性竞争。越来越多的直播平台开始利用一些不正当的竞争方式来诋毁、诽谤、攻击对手，以此达到排挤竞争对手的目的。网络直播平台的观看人数造假情况也层出不穷，更有甚者通过行业的潜规则，挖走其他直播平台的人气主播。另外，各大网络视频直播的平台运作方式趋于相同，大多以游戏直播和美女主播为主，知识型的直播平台少之又少，高颜值、内容新奇是各大直播平台的惯用手段。用户的虚拟礼物打赏是直播平台的变现途径，各大直播平台亟需寻找适合自己的个性化、精细化发展策略。

从直播门槛的角度来看，低俗化、过度娱乐化的问题越发凸显。直播平台主播的整体水平参差不齐，差异较大。为了获取更多的关注，一部分主播破坏行业规则，游走在法律的边界上，利用尺度较大、严重低俗化的直播内容获得用户的打赏，最后只会自取灭亡。从用户方和直播平台角度来看，平台主播利用直播用户的窥私欲，间接催生低俗化的直播内容的出现。同时，直播平台的泛娱乐化倾向衍生了很大一部分大尺度、恶俗的直播现象的产生，过度娱乐化、低俗化的直播内容对于行业发展有害，对社会的危害更大。

相关部门的监管太过宽松。网络直播的监管无法实现技术拦截，更多只能依靠人工监管，所以对于移动端和 PC 端的直播画面很难进行实时监控。

7.4　案例分析——以虎牙为例

虎牙直播上线于 2015 年，从成立至今，虎牙直播一直坚持走明星属性和社交属性结合的方式，建立起一种涵盖明星、主播和普通用户的直播平台，通过明星主播入驻的方式，拉近用户和明星的距离；同时，虎牙还聚集了一大批网红主播，网红主播在自己的直播圈中形成了相当数量的粉丝。从文字到图文，再到语音和视频，直播改变了社交的方式。直播内容的多样化和精细化是直播平台的关注方向。

虎牙直播通过直播间的用户数量、打赏、留言、分享、点赞等多种方式来计算直播内容的黏性，为用户黏性较高的主播提供推广支持，推动全民直播的生态发展。强明星的属性为虎牙带来更多的关注度和大量的用户，也吸引了大量品牌商户的入驻，以此带来更多优质主播，形成了一定的集聚效应，形成了良性的直播生态。

从 2016 年前九个月的数据来看，虎牙 App 的下载量累计 1.3 亿次。虎牙举办了首次直播界的颁奖典礼，邀请了张继科、王祖蓝等一众娱乐、体育明星，打造了多方位、全覆盖、多视角的直播盛宴。在平台的搭建上，虎牙直播与各品牌合作，与途牛达成的战略合作开启了直播与旅游的融合。在营销方式的多样化上，虎牙直播在双十一购物节上，与京东、淘宝、苏宁易购三人电商平台积极合作，京东在双十一当天在虎牙进行了 12 个小时的直播秀，淘宝通过广告位的合作，在虎牙直播的平台上分派双十一红包。

虎牙直播也存在着一些问题，比如经营成本居高不下、内容繁杂肤浅、质量良莠不齐、行业进入门槛很低、失败风险较大等。未来直播平台发展需要考虑以下几个方面：

（1）创新运营方式，探索直播平台发展方向。随着直播行业日渐成熟，用户规模大量累计，直播平台需要实现自己的内容升级。各种类似的直播平台层出不穷，只有实现商业模式的升级，通过精细化的运营，开源节流，减少自身的成本消耗，才能在激烈的竞争中占有一席之地。同时，在泛娱乐类型平台的直播发展空间缩小的趋势下，专注于垂直领域和优势领域内容的结合，深挖垂直用户，形成自己独具特色的综合优势，发展成更加成熟的直播平台，才能充分发挥自己的工具属性。

（2）丰富直播内容，扩大直播平台的影响力。移动视频直播不仅仅是一种表演的形式，更是用户获取有效信息，满足娱乐、社交需求的重要渠道。直播内容的单一化，只会带来审美疲劳。多种类型的直播内容，不仅把娱乐价值纳入到直播的内容中，也通过教育价值、媒体价值、社交价值的相互融合，提升直播内容的整体价值。这不仅是现阶段直播平台所需的能力，更是直播平台将来的发展方向。要通过更多的优质直播内容的放送，将流量变现的能力充分发挥出来。另一方面，必须要抵制各种低俗的、泛娱乐化的直播内容，营造良好的行业环境，从而提升行业影响力。

（3）规范行业行为，促进行业良性发展。由政府监管部门主导，引导直播行业的健康有序发展是极为必要的。网络视频直播是新生业态，政府监管部门要积极核查各大直播平台的相关证明，整顿直播平台无序生长的乱象；从行业准入程序上严格审查，提升行业的进入门槛；努力突破监管技术，以便及时监测网络上恶俗行为的出现。行业协会也应建立有效完整的行业自律准则，对行业良性发展起到基础性的作用，同时还应实施相应的惩罚和退出机制，建立有效的信用机制和黑名单制度。只有行业和政府监管部门双拳出击、同时发力，才能够形成网络视频直播行业的良好生态圈。

本章习题

1. 短视频成为流行的社会基础是什么？
2. 如何理解短视频平台内容生产者与消费者主体同构？
3. 试述视频直播存在的问题和未来发展趋势？

第八章　网络出版、网络动漫与游戏、元宇宙

8.1　网络出版

1. 出版与网络出版的定义

出版包括编辑加工、复制、发行三个方面。出版机构有目的地接受来自社会上的各种有价值的信息，审定和加工整理后，通过出版生产手段使其附以不同形式的物质载体，将其整理成各种出版物的形态，再通过流通渠道，传播于社会即为出版。出版是将原始作品大量复制，公之于众，形成出版物的过程。出版首先要求有原始作品；其次是有发布和发行渠道，能够让社会公众获得出版物；再次，各类作品必须能够批量复制，经过审定、选择、编辑和加工，借助一定的物质载体呈现，这三个要素构成出版的基本要素。

网络出版又称互联网出版、在线出版、电子出版，是指互联网信息服务提供者将自己创作或他人创作的作品经过选择和编辑加工，登载在互联网上或者通过互联网发送到用户端，供公众浏览、阅读、使用或者下载的在线传播行为。网络出版与传统出版活动的首要区别是传播渠道不同，其以互联网为渠道。其次，网络出版机构突破传统出版社的概念，许多大型网络文学网站以及网络出版机构是民营科技公司。最后，网络出版虽然批量复制，公之于众，但依托虚拟空间，出版物形态可以是电子书，也可以不固定，区别于传统出版的著作。

2. 网络出版的特征与优势

1）网络出版的特征

网络出版的特征主要有：复制、传播和更新的速度快；传播范围广；信息存储的密度高，信息量巨大，所占的物理空间却很小；全球性和跨文化性；检索上的便捷性；多媒体和超文本形式；互动性；低成本、高收益；无纸化出版，保护森林资源，实现绿色环保。

2）网络出版的盈利模式

网络出版的盈利模式大致可分为三种。其一，付费模式。该模式脱胎于传统的纸质出版，需要通过支付相应的费用，来对选中的网络出版物进行购买。其核心竞争力在于内容上的权威性和不可替代性，同时也需要在知识产权上对这些参与付费销售的网络出版物进行严格的保护，严防盗版。在我国，这一模式的代表为中国知网以及各种数据库出版物。在外国，这一模式的代表则为"苹果模式"和"亚马逊模式"两种，用户可通过苹果和亚马逊的线上商城进行购买，一些畅销书作家也可以直接将书稿提供给苹果和亚马逊的销售方。其二，免费＋广告模式。该经营模式类似于传统媒体时代的广播电视模式，用户观看节目内容本身不用付费，但平台会通过用户的免费使用，获得一定的收看率或收听率，从而获得资本方的广告投放，获得相应的广告收益。该模式迎合了很多普通网民"免费获取信息"的习惯，早期的代表形式有博客出版或其他免费电子读物。积聚人气、吸纳流量，提高访问率和点击率，是该模式获取更高收益的核心法门。其三，电子商务模式。这是指在网络环境和大数据环境中，基于一定技术基础的商务运作方式和盈利模式，简称"电商模式"。其运营模式为线上支付、线下体验，代表为 B2B（企业和企业之间的电子商务）、B2C（企业和消费者之间的电子商务）、C2C（消费者和消费者之间的电子商务）、F2C（工厂直接对接消费者模式）、O2O（线下商务与互联网之间的电子商务）、B2Q（交易双方网上先签意向交易合同，签单后根据买方需要，可引进公正的第三方进行商品品质检验及售后服务）、G2B（政府和企业之间的电子政务）等。在网络出版领域电商模式里，以当当网为代表的网店，给传统的出版业和传统实体书店经营都带来了巨大的冲击和挑战。近年来，有大量的实体书店因长期亏损而关停，这也促使许多仍在营业的实体书店，不得不向集"销售、阅读、饮品、书友会"为一体的新型综合文创体验空间进行转型。

3）网络出版的优势

基于互联网的信息容量和传播的优势，网络出版信息量巨大，传播速度迅速。网络出版使用多模态符号系统，提供有声读物、电子书等多类方式，使得阅读不仅依赖视觉，还可以诉诸听觉。特别是随着新技术的兴起和发展，AR/VR 技术也开始被应用到电子读物当中，为读者营造出全新的阅读体验。同时，读者阅读和接受方式更为自由，可以使用碎片的阅读时间。就作品的创作而言，网络出版改变了传统出版的作品生成方式。例如，网络文学作品，作品的思路和情节发展可以来自作者和读者的双方面的共同推动，提升了读者的阅读体验和参与体验。网络出版的主要形式之一——电子书一般提供个性化定制，读者可以选取感兴趣的链接阅读。

3. 网络文学

中国当代文学的重要变革之一是网络文学的出现。互联网使文学创作的入门门槛降低，任何人都可以注册账号，随意发表文章，让其他网民点击浏览。早期网文秉承互联网免费和共享的精神，常以不付费浏览的方式加速自由传播。依靠网文生财，恐怕早期的网络写手如台湾作家蔡智恒等均未料到。网络出版盛行后，许多传统出版社开始数字化转型，西方一些出版社和杂志社已经不再出版纸质图书和杂志，只通过互联网为读者提供在线出版和电子书。网络出版降低了制作成本，图书印刷、包装以及物流运输与仓储的环节被省略。网站不仅是内容提供方，还负责出版物的在站查询和销售发行。虽然大型网络文学网站上作品众多，网络文学的类型庞杂，但在作品付费热度大增的情况下，网文爆红和网民追文之后，作者通常会将网络作品集结，出版纸质书籍，回归传统发行方式，由传统出版社出版，由书店、网上图书平台或零售平台销售。

网络文学是依托网络空间，由写手在互联网上发表，由网民在网上浏览阅读的文学。国内网络文学市场历经多年的竞争和发展，经过激烈的市场洗牌，网络文学行业集中程度加深，起点、榕树下、黄金书屋等是知名网络文学网站。各门户网站如腾讯、网易等均设立了网络文学专区。传统文学刊物，如《当代》等早已与网络文学互动，设立"网事随风"栏目。国内网络文学网站非常注重通过网络出版，培育优秀作者群体，大力扶持原创作品。网络文学以网络空间为传播载体，创作相比传统出版更为自由，作者可以一边写，一边更新，读者一边阅读，一边评论，及时反馈，读者参与到情节推进和文学创作中。

与网络文学与传统出版的互动相伴随，是网络文学与传统文学实现联动，传统作家组织对网络作家的认可和接受，如网络写手唐家三少等加入中国作家协会。网络文学是内容运作的起始环节，有利于 IP 良性循环的建立。网络文学打造了痞子蔡、安妮宝贝、流潋紫等一批知名作家。网络文学类型中传统文学作品中的言情小说和武侠小说是常见类型，其他如搞笑、恐怖、悬疑等类型应有尽有。当前，网络游戏与网络文学、网络动漫、网络影视等内容生产产业链其他环节形成合力，网络文学的版权收入成为行业盈利的新增长点。网络文学市场逐渐建立，各类网站寻求对网络文学的商业运营，探索网络文学的商业价值，开发了付费浏览和写手分成模式，网络文学的商业价值开始体现在点击量和付费订阅上。自从 IP 热以来，热门网络文学作品前期拥有大量的点击量和浏览量，其影视、游戏开发得到影视制作公司的重视。例如，2012 年的电视剧《甄嬛传》等均改编自热门网文。

过去的 20 年，也是文娱产业飞速发展和更迭的 20 年。这种迭代，在网络文学的内容生态、商业模式、创作者和读者群等方方面面表现也尤为明显。其中，创作队伍的规模持续扩大，数量不断增长，并呈现出年轻化、专业化的特点。同时，读者群的整体素质也在不断提高，除了体现出付费意愿增强、互动频率增大的特点之外，还贡献出了诸多质量优良的衍生创作。

随着网络文学的商业运营进程，对网络文学和网络出版的资本运作和并购不断。2004年，游戏公司盛大收购起点中文网；2015 年，互联网公司收购腾讯，旗下腾讯文学与盛大文学合并，形成阅文集团。腾讯旗下的阅文集团以"网络文学第一股"为主题，2017 年在港股上市，IPO 开盘后股价迅速拉升，收盘市值为 928 亿港元，另一家内容网站掌阅科技也在上海证券交易所上市。

8.2　网络动漫与游戏

1. 网络动漫

网络动漫（Original Net Anime），即"原创网络动画"，是指由个人或团体创制的独立动画。它是现代高科技发展的产物，以信息技术和计算机技术为基石，发展出后来的三维动画和网络互动游戏。具体而言，网络动漫指以动画、漫画为表现形式，以计算机互联网和移动通信网等信息网络为主要传播平台，以电脑、手机及各种手持电子设备为接受终端的作品，包含动漫图书、报刊、电影、电视、音像制品、FLASH 动画、网络表情、手机动漫、舞台剧和基于现代信息传播技术手段的动漫新品种在内的动漫产品的开发。简而言之，网络动漫就是以互联网为媒介进行传播的动画、漫画作品。其主要特点有：传播速度快；观看方便，通过移动智能手机可随时随地进行收看；动漫发烧友的集中聚集地。

网络动漫，按产地主要可以分为国产动漫（简称"国漫"）和外国动漫两大类，其中外国动漫又以日本动漫（简称"日漫"）为主要潮流。国漫中，知名度高的作品有《斗罗大陆》《斗破苍穹》《秦时明月》《少年歌行》《武动乾坤》《熊出没》《狐妖小红娘》《中国唱诗班》《喜羊羊与灰太狼》《假如历史是一群喵》《十万个冷笑话》《画江湖之不良人》等。日漫中，比较知名的是《火影忍者》《海贼王》《犬夜叉》《名侦探柯南》《灌篮高手》《哆啦 A 梦》《数码宝贝》等。2018

年，共有 68 部国产动漫上线，其中，视频平台的加入创作，使得动画播放渠道和内容都显现出单一化趋势。除却内容制作，在衍生开发方面，动漫出品方也在做积极的尝试，包括内容植入和线下合作，旨在充分挖掘 IP 的优势和商业价值。

网络动漫的主要播出平台有 Bilibili、腾讯视频、爱奇艺、优酷等。其中，Bilibili 以日漫起家，近十年来也有诸多优秀的国产动漫进驻其中。作为青年亚文化和二次元文化重镇的 Bilibili，在网络动漫的推广和传播上拥有其他平台所不可比拟的优势，粉丝沉淀效果显著。腾讯视频凭借《斗罗大陆》《魔道祖师》等几部自制的独播作品，在国漫粉丝中积累了良好的口碑，同时经营的还有商业化植入、社群和周边商城。爱奇艺的动漫粉丝，相对于前两者而言更为大众化，年龄、收入等方面的构成也更为复杂。其优势在于流量多、短期内推广效果良好，但粉丝沉淀能力相对较弱。优酷网的代表性网络动漫是其独播剧《秦时明月》，这是一部以武侠为主题、以秦朝乱世为背景的大型全民动画，由杭州玄机信息科技有限公司出品。它拥有庞大的粉丝群体，也曾位居国漫热度榜第一。

促进"互联网＋"时代国产网络动漫产业的发展，应注意以下几点：一，确定受众范围，尝试打造更多全年龄的动漫产品；二，提升制作水准、品位和作品的可观赏性，进行多元化表现手法和题材的思考与创作；三，完善网络监管，确立分级制度；四，构建成熟稳定的产业链。

随着互联网的持续发展，网络动漫产业不断壮大，大量优质作品涌现，加上政府的政策扶持和资金支持，总体发展前景十分可观。但与此同时，也需注意到一些网络动漫创作中存在的三观不正、宣扬暴力色情、违背社会公德、监管不到位的问题。所有被相关权威部门检查并依法取缔和明令禁播的网络动漫产品，都会被列入"网络动漫黑名单"当中。

2. 网络游戏

游戏产业是重要的娱乐产业，具有很高的市场价值。网络游戏是依托 PC 机、手机等数字终端设备的互联网娱乐应用之一，通过互联网或移动互联网，通过编程开发的游戏程序软件允许多人在线同时参与，游戏用户一般称为玩家。网络游戏可分为依靠电脑终端的 PC 网络游戏和依靠手机的移动端网络游戏。前者如《传奇》《英雄联盟》《地下城与勇士》等流行网游，后者如《王者荣耀》《荒野行动》《终结者 2》等。网络游戏也可分为单机版游戏和联机游戏。单机游戏有微软开发的扫雷游戏等；而联机游戏构造出一个虚拟世界，允许玩家通过客户端在线连接服务器，选择虚拟身份进入游戏系统，与其他玩家互动，通过关卡升级获得装备或获得虚拟成就。联机游戏是网络游戏的主流。网络游戏的玩家彼此之间可以在线下有真实的人际关系网络，也可以在线下彼此互不熟悉，通过网络游戏而扩展和补充真实的人际关系。网络游戏制作和呈现类似电影大片，是连续的图像的组合，具备视频符号、音频音响符号、文字符号等多模态符号整合传播符号系统，用户参与体验度高。

我国网络游戏起源于 20 世纪 90 年代。在起步阶段，本土网络游戏资源较少，许多是游戏公司代理国外的网络游戏，游戏平台以电脑为主。2003 年，中国在线玩家数约为 1380 万，游戏出版市场销售额达到 13.2 亿元。当时，中国本土制造的游戏比例偏低，不足十分之一。尽管监管部门对游戏进口把关较严格，但外来游戏产品所携带的文化基因无法抹杀，中国文化难以得到体现。因此，政府层面启动"民族网络游戏重点出版工程"，开发投资本土网络游戏，予以税收、资金的支持，以扶持本土文化的传播。国内众多游戏公司纷纷投入本土文化的游戏产品的开发，并出现了一批经典的本土游戏如网易的《大话西游》《封神榜》《三国志》《剑侠情缘》等。《大话西游》游戏的开发"以中国自己的文化为中心"，在游戏场景与角色布置上与传统民俗相结合，展示了本土特色。2015 年，中国游戏玩家数约为 3.7 亿，付费玩家数量达到 9500 万，游戏市场实际销售收入达到 1407 亿元人民币，游戏之于人际交往与社交功能的作用是游戏备受欢迎的原因。

现在，网络游戏已经是主要的娱乐业之一，网络游戏产业飞速发展，如手机游戏《王者荣耀》2016 年全年营收 68 亿。网络游戏的兴起催生了网络游戏直播平台和职业游戏玩家，带来了手机网游市场的繁荣。2014 年 IP 热过后，网络视频与网络游戏联动，合作共生。移动端手机游戏持续高产，游戏厂商聚力开发移动端游戏市场，对于知名网络动漫和 PC 端的经典游戏的移动端改变司空见惯，如网易的《九州·海上牧云记》、腾讯代理的韩国游戏《地下城与勇士》。网络游戏是游戏玩家依托网络空间互动交流的娱乐形式。游戏架构，如游戏世界观、价值观、剧本创作背景、游戏角色设置、情节设置以及游戏视觉、听觉呈现均体现游戏的价值。例如，《魔兽世界》是热门网游，去年上映首部魔兽电影，在中国市场票房大卖。

网络游戏具备竞技和交友、互动的特点。随着智能手机的普及，移动电竞是手机游戏的热门发展板块。游戏直播和移动电竞合力运作游戏的线上比赛和线下活动，带动了游戏业的发展。例如，2017 年北京举办了首届英雄联盟音乐节，并举办了英雄联盟 S7 赛季的总决赛。

网络游戏是互联网公司的主要盈利业务之一，腾讯已经发展为全球第一大游戏服务商。网络游戏具备竞赛和竞技特点，同时具有促进人际交往的社交特征。游戏玩家的动机之一是通过游戏，实现与其他玩家的互动，而单机游戏是消磨时光，打发无聊和碎片时间的应用。游戏市场一直是互联网公司盈利的主营市场，国内知名互联网企业如网易和腾讯均以手机游戏市场为游戏市场的主营业务。网络游戏如果没有编剧和游戏架构，缺乏文化背景的开发，则不能吸引玩家，因此，游戏开发同样具有与内容生产的其他环节联动的特点，游戏厂商与上游网络文学和影视制作公司合作程度加深。

游戏市场空间宽阔，电商平台如京东、苏宁均杀入游戏市场。根据《2017 中国游戏产业报告》，2017 年新闻出版广电总局批准出版游戏数量大致为 9800 款，其中国产游戏约9310 款，进口游戏约 490 款，自研比例高达 95%。其中移动游戏有 95% 属于自主研发。国内自主研发网络游戏市场实际销售收入达到 1386.1 亿元，占到整体市场销售收入的 68%。游戏产业 20 年发展的一个特点是从海外游戏版权的引入到自主研发的游戏抢占市场，另一个特点是从 PC 游戏到移动游戏市场的开发。其三是游戏类型的竞争局面的形成。游戏产业的兴盛吸引了传统影视制作商，如华谊兄弟等上市公司的加盟。华谊兄弟曾斥资 19 亿参投电竞公司英雄互娱，虽然投资宣告失败，但网络游戏与网络视频、网络动漫等产业联动，强强联合的势头不减。

互联网借力流量、资金与平台优势，与传统媒体优势互补，合作共赢。在开拓国内市场的同期，网络游戏和网络文学市场开始在海外市场开疆拓土。我国游戏厂商已经开始布局网络游戏的海外输出，从 20 多年前，国内游戏市场本土开发游戏相对弱势到如今本土游戏走出国门，实现中国文化在海外尤其是东南亚的传播，国内游戏市场如同其他文化产品一样，正在不断扩大影响力。本土游戏的海外布局与海外游戏厂商的中国布局并行不悖，是当前游戏产业的基本特点。

8.3 元 宇 宙

"元宇宙"的概念，最早在1992年美国作家尼尔·斯蒂芬森的科幻小说《雪崩》（*Snow Crash*）当中被提及和描述："那是超元域（元宇宙）的百老汇，超元域的香榭丽舍大道。它是一条灯火辉煌的主干道，反射在阿弘的目镜中，能够被眼睛看到，能够被缩小，被倒转。它并不真正存在，但此时，那里正有数百万人在街上往来穿行。"

2021年，原Facebook总裁扎克伯格宣布，将其公司名称由Facebook更名为Meta（取自"元宇宙"英文Metaverse的前缀），将"元宇宙"这个概念从科技圈带到了大众视野里。他在Facebook改名的公开信上写道："在元宇宙，你几乎可以做任何能想象的事情——与朋友家人聚在一起，工作、学习、玩耍、购物、创作——以及完全不符合如今对电脑和手机的看法的全新体验。"因此，2021年也被称为"元宇宙元年"。

清华大学新媒体研究中心对"元宇宙"做了如下定义：元宇宙是整合了多种新技术而产生的新型虚实相融的互联网应用和社会形态，它基于扩展现实技术提供沉浸式体验，基于数字孪生技术生成现实世界的镜像，基于AI和物联网来实现自然人、虚拟人和机器人的人机共生，基于区块链技术和Web3.0、数字藏品/NFT来搭建经济体系，将虚拟世界和现实世界在经济系统、社会系统、身份系统上密切融合，并允许每个用户进行内容生产、世界编辑和数字资产自所有[①]。也有学者简而概括之：元宇宙就是一个由计算机生成的3D模拟空间，人们可以在里面互动。它具备三个主要特征：现场感、持久性、共享性。

被称为"元宇宙第一股"的大型多人游戏创作平台Roblox的CEO大卫·巴斯祖奇（David Baszucki），总结了元宇宙的八个基本特征：身份（Identity）、朋友（Friends）、沉浸感（Immersive）、低延迟（Low Friction）、多元化（Variety）、随地（Anywhere）、经济系统（Economy）和文明（Civility）。

标准元宇宙的构建步骤主要有四步。一，数字孪生，将现实世界几乎原原本本地投射到虚拟的镜像世界当中，在虚拟空间内建立包括人、物品、环境等要素在内的拟真的动态孪生体。二，虚拟原生，让虚拟世界里的人和物，无需借助真实的场景，即可自动生成并且运转起来。三，虚实共生，使现实和虚拟两个世界中的信息能够相互传递，相互连通，并且共融共生。四，虚实联动，通过人工智能引擎支撑高仿机器人和虚拟人，并与现实世界中的自然人进行交互。同时，场景与资产也构成广泛的虚实联动。[②]可见，在元宇宙的世界里，人们的生存空间、视角维度、感官体验、思想实践都得到了极大的拓展和延伸。

"元宇宙"这一新概念倏一走红，立即引起了传媒业界的轩然大波，许多业界专家都加入了对于"元宇宙"的热议。天风证券研究所全球科技首席分析师孔蓉认为，元宇宙是属于互联网的3D版，2021—2030年是其第一个阶段。《元宇宙》丛书作者易欢欢，指出元宇宙为人类社会实现最终的数字化转型提供了新的路径，将与后人类社会发生全方位的交集。

---

① 清华大学新媒体研究中心《元宇宙2.0报告》，2021年。
② 清华大学新媒体研究中心《元宇宙2.0报告》，2021年。

深圳市虚拟增强现实技术应用协会副秘书长涂家全认为，元宇宙能够实现线上和线下两者之间的感知融合实时互动，获得一种在现实世界所不能得到的体验。

在国内学术界，同样也有许多知名学者参与到对"元宇宙"的讨论中。北京师范大学喻国明教授认为："从媒介化社会提出元宇宙，是集成与融合现代与未来全部数字技术于一体的终极数字媒介，它将实现现实世界和虚拟世界的连接革命，进而成为超越现实世界的更高维度的新型世界。"清华大学熊澄宇教授认为，人工智能、人机交互这些新概念，不仅是科学技术进步的体现，同时也彰显着人类的思维创新能力。

在以上肯定的观点之外，同样存在着唱衰、质疑或忧虑的声音和看法。携程联合创始人梁建章指出，元宇宙的诱惑非常之大，它用低成本创造了各种乐趣，可能会降低人们对真实世界的探索欲望，并带来人口风险和科技停滞。四川质量发展研究院高级研究员熊节认为，元宇宙其实是一个殖民地概念，通过殖民来化解内部矛盾。纽约时报专栏也曾发文写道：元宇宙呈现了资本主义史在更广泛层面的一场愈发令人不安的转折。甚至也有人认为，元宇宙是典型的"什么都不是"的概念，之所以走红全凭炒作。

当然，无论是正面或者反面的声音意见，要在当下预言元宇宙的意义、价值和影响，或许还为时尚早。它究竟会将人类引向何方，有赖于新兴科技在未来 20 年中实际发展的广度与深度，也有待我们的进一步观察、了解和学习。

本 章 习 题

1. 什么是网络出版？
2. 网络出版与传统出版有何区别？
3. 简述网络游戏业在中国的发展。
4. 介绍一下什么是元宇宙。

第九章　微博、微信、社交网络、移动社区

9.1　微　博

微博发端于博客，是一种微博客的形式，具体是指一种基于用户关系，通过关注机制来进行信息传播、分享以及获取简短实时信息的网络社交媒体平台的统称。微博为用户提供更加集中、开放的移动社交服务，将 Web 和客户端有机融为一体，通常字数限制在 140 以内（长微博不受字数限制），同时具有添加表情、图片、视频的功能，网友可以即时对自己或者身边的新鲜事物进行分享。

1. 微博的形成与发展

微博的始祖是 Twitter（推特）。2006 年，Oblivious 公司创始人埃文·威廉姆斯积极探索，开发出了推特这一款应用。推特的横空出世很快打破了博客的垄断地位，并通过智能手机移动端的作用，推动了新闻传播的革命。推特的最初应用就是基于手机端，字数最多只有 140 个字符。之后其公司更新了服务水平，用户不仅在手机端，在推特网站上也能够实现信息的收发。

2006 年，推特的流行程度还只局限于美国国内。第二年，其在进入日本市场后，形成了较大的影响。奥巴马在 2008 年美国总统大选时，推特成为重要的竞选工具。2009 年伊朗曾在大选期间关闭了互联网和短信服务，不允许国外媒体进行相关报道，推特成为传播大选消息的唯一工具。当年 6 月，著名歌手、摇滚天王迈克尔·杰克逊离世的消息，在一个小时的时间里，推特中就有 65000 条留言信息。7 月，印尼的大爆炸事件，率先更新实时状况的就是推特用户，社交平台又一次在新闻报道上优先于传统的电视媒体播报新闻。推特目前已经推出了法语、德语、意大利语、日语和西班牙语版本。2012 年 12 月，Twitter 推出了照片滤镜功能。2013 年 11 月 7 日，Twitter 在纽交所挂牌上市，开盘报 45.1 美元，较 26 美元的发行价大涨 73.46%。2016 年 9 月 19 日，Twitter 宣布，将不再把照片、视频、投票、引用和 GIF 动画计入 140 个字符的限制中。2018 年 2 月，Twitter 官方宣布，将于 30 天后停止开发 Mac 应用并下架其应用。同年，Twitter 宣布将禁止其平台上出现数字加密货币广告。2019 年 7 月，Twitter 宣布成立 ArtHouse 部门，整合全球海量优质网红原创作者的资源，以及数字内容制作能力、品牌直播服务等资源，帮助品牌广告主以内容创意方式来吸引消费者的关注。根据 Twitter 2020 年的财报显示，截至 2020 年第三季度，Twitter 的可货币化日活跃用户达 1.87 亿人。

2006 年之后，当推特在美国国内和国际上的认可度和普及率不断提高时，我国国内的互联网公司很快推出了中国人自己的推特产品，各类早期的"微博"开始上线。2007 年可以说是中国微博市场的元年，"饭否""叽歪网""腾讯滔滔"纷纷进驻微博市场。2009 年，"嘀咕"网宣布开发出微博类产品。就当年整个微博市场的情况来看，"饭否"在行业中的地位最高，在微博市场的发展初期曾一度被当作行业的标杆。2009 年，"饭否"用户数量的激增给饭否带来了一系列问题：2009 年上半年，虽然其用户数突破了 100 万人，但因为用户过于开放的言论，"饭否"的 ICP 牌照被迫吊销，暂时关闭歇业。2009 年下半年，"叽歪网"同样被强制关闭。微博市场仅剩下"9911.com"和"腾讯滔滔"两家竞争。2010 年 3 月，王兴宣布"饭否"将积极给用户数据的下载提供支持，而王兴在后来的通告中同时表示将重新创业，从团购网站做起。"叽歪网"创始人也将网站经营的资产全部转让，另寻创业的方向，2010 年上线时间达到三年的"腾讯滔滔"也将与自己公司旗下的 QQ 空间进行资源整合。

在各类独立微博网站渐渐消逝的同时，门户网站开始上线运营自己的微博产品，开发中国人自己的微博产品的热情被再次激发，随时可能呈现燎原之势。门户网站中最早推出微博的是新浪，早在 2009 年 8 月 14 日，新浪就上线了自己的微博产品——"新浪微博"内测版，成为门户网站中第一家提供微博服务的门户网站，微博正式进入使用中文的主流网络人群的视野。随着微博在网民中的日益火热，在微博中诞生的各种网络热词也迅速走红网络，微博效应正在逐渐形成。借用名人的外部效应，集合了不少明星、企业家、作家等名人的加入，在很短的时间内将用户量做大，积累了不少人气，新浪微博在微博市场中一枝独秀。

2010 年，国内微博迎来发展的春天，四大门户网站均开设微博。门户网站在微博市场的用户份额之争，带来了微博市场的新发展。根据公开数据显示，截至 2010 年 1 月份，该产品在全球已经拥有 7500 万注册用户。2012 年 1 月，据中国互联网络信息中心（CNNIC）报告显示，截至 2011 年 12 月底，我国微博用户数达到 2.5 亿，较上一年底增长了 296.0%，网民使用率为 48.7%。微博快速崛起，成为网民重要的信息获取渠道。2014 年 4 月 17 日，新浪微博宣布上市，正式登陆纳斯达克。同年，腾讯和网易均宣布关闭微博业务，新浪微博在国内呈现出"一家独大"的发展态势。2015 年 1 月，微博开放了 140 字的发布限制，将字数限制调整到少于 2000 字都可以。2017 年 5 月，根据微博 2017 年第一季度财报显示，微博一季度月活跃用户总计增长 2700 万人，总数增至 3.4 亿人，超过同季度 Twitter 的水平。

2. 微博的类型

微博的发展来自于博客，但它超越了博客的功能。同国外的类微博产品 Twitter 相比，以新浪微博为代表的中国微博产品已经表现出了自己的鲜明特点。以新浪微博为代表，微博的功能使用主要有以下几点：

（1）发布。微博用户能够实现内容的实时发布。

（2）转发。基于自己的兴趣爱好，微博用户能够将对应的微博内容进行相应的转发。

（3）评论。用户可以对其他博主的微博内容进行评论。

此外，新浪微博还推出点赞、视频内容上传功能，衍生出用户青睐的各类产品，在满足微博用户社交化需求的同时，开发出泛娱乐化类的服务。从当前微博的发展方式和服务商的托管服务的不同分类来看，我国的微博社交产品主要有五类：

（1）以新浪为代表的门户网站类型微博。这种微博形式在微博产品市场的地位较高，在整个微博市场的份额也较大，对于未来微博市场的发展起着基础性作用。

（2）以嘀咕、9911 为代表的独立型微博，与体量庞大的门户网站的用户数量相比，其用户数量相对比较小，但是发展的速度却不弱于门户网站的各类微博。

（3）社交平台和各类论坛上线的微博产品，其中以豆瓣、开心网、天涯社区、人人网为代表。因为这些网站的用户黏性大，集齐了一批忠实的用户，形成了较稳固的用户基数。

（4）中国移动开发的 139 说客。

（5）电视传媒推广的微博，如中国国家网络电视的微博。

总体来看，我国微博市场的发展主要集中于门户网站，门户网站依靠自己的发展历史和在明星效应上的突出优势，在微博产品的开发上占据绝对领先位置。

3. 微博的传播特征

（1）传播内容的碎片化。

各种类型的传播媒体掌握着绝对的话语权，在过去的发展中它们一直接受着严密的监管。随着媒体权限的宽松，越来越多的个体开始在网络平台上开创自己的自媒体栏目。对于信息市场来说，这直接造成信息内容的泛滥，也不断促成网络的去中心化发展。微博是基于用户为中心的媒体平台，实现了话语权向普通大众的转移。但另一方面，信息市场越来越碎片化和个性化。各类未进行加工的信息内容本身可信度不高，较易形成错误信息泛滥的局面。简短的微博内容可能与时下热点的新闻事件息息相关，碎片信息的发送者可能是新闻事件的见证者和经历者。更多碎片化的信息汇聚在一起，就构成新闻事件的整体，事件的完整性就促成了热门话题的形成，有利于当事人掌握话语权。

（2）传播媒介的移动化。

"互联网＋移动端设备"是微博功能实现的两个必需点。移动客户端和互联网的充分融合，促成了双方的交叉互动。通过交叉渠道的打通，微博积极培育了用户新的上网习惯，有助于用户之间互动的功能，促进了互联网的交互性和平等性的发展。智能手机设备的发展使微博在市场中的地位不断提升。微博实现了图片的及时传送和文字消息的及时送达，进一步实现了视频录像的快速上传。换句话说，手机智能设备与微博的有效结合，是融媒体的表现形式。手机的智能化实现了互联网设备的移动，方便了人们对各类信息的分享和记录。

（3）传播速度的快速性。

微博融合了社交需求、博客、即时通讯工具的功能。用户可通过相应的功能把最新的微博内容分享给较大的新闻社的博主，因后者的传播内容具有权威性，使新闻的传播速度快速提升。微博传播过程减少了更多的传播媒介，是从用户到用户的信息传递的过程，在传播的效率上明显高于纸质媒体和其他电视媒体，在制作时间上也明显快于其他媒体。例如，2011 年温州动车组的报道中，微博就在其中发挥了重要作用。

从技术角度分析，微博不仅涵盖了短信、博客，融合了多种媒体的功能，也进一步突出了其纽带作用，在空间上扩大了传播信息的距离，在时间上缩短了传播的周期。微博字数的限制积极适应了现代人浅阅读的需要，也是主动适应社会快节奏发展的表现。微博好友间的实时互动强化了用户间的弱关系，将弱关系发展成强关系。微博发布消息的及时性，真正做到了突破时间的限制。微博更新一条博文消息的速度是 10 秒，人们阅读一条微博时间正好也是 10 秒，这就形成了很好的衔接性。其传播速度是其他媒体机构、博客等所无法比拟的。

但是，受技术迭代发展以及网络空间规制趋紧等因素的影响，微博的影响力较之前有所下降，还呈现出诸如平台功能分化、泛娱乐化等新变化。通过对微博文本与用户之间的耦合分析，以及对用户间隐性关系的挖掘可以发现，微博目前主要活跃着休闲娱乐、社会民生、竞技体育和金融时政四种意见领袖。其中，休闲娱乐类和社会民生类的意见领袖相关程度相对较高，存在大量重叠。由此可见，微博生态的泛娱乐化与生活化倾向明显。

9.2　微　　信

根据 Newzoo《2021 全球移动市场报告》，到 2020 年底的全球智能手机用户为 40 亿，普及率是 60%。中国智能手机用户数量将位居全球第一，达到 9.5 亿，超过排名 2～4 名国家的用户总和。印度排在第二，拥有 5.3 亿智能手机用户。美国排在第三名，拥有 2.29 亿智能手机用户。微信在智能手机各大应用市场的下载量排名居于前列，可以说是智能手机用户的装机必备应用程序。

微信是腾讯公司在 2011 年推出的一款应用程序，是通过用户手中的智能设备实现短消息、视频、语音、图片收发的即时通信社交软件，其功能包括摇一摇、扫一扫、微信公众号、小程序等，以及同时，微信支付实现了手机端钱包功能。

2012 年 3 月，微信用户突破 1 亿；2018 年 2 月腾讯宣布月活跃用户达到了 10 亿；2021 年底，微信用户突破 12 亿，在全球社交软件中排名第三。同时，微信的海外用户在 2013 年也早已突破千万级别，2014 年突破 7000 万，到 2021 年突破 2 亿。微信的传播形态有其特殊性，由于微信的好友关系比其他社交平台更为私密，局限在熟人之间，信息传播方式只适用于好友双方的沟通。用户在启用微信朋友圈后，可以获取众多好友的实时动态，也可以发布自己的当前状态至朋友圈，因为关系的私密程度较高，只适用于已添加的好友之间的传播，不适用于广泛的传播。微信公众号的出现，很好地弥补了信息流通的闭合性，用户可以方便快捷地接收公众号推送的消息，同时如果用户不需要此类信息时也可以取消对该公众号的关注。

微信群内部存在着复杂的会话结构，其具体的信息交互类型以及演化规律都有待进一步探究。目前发现微信群中的信息交流更多是一种"有限度"和"碎片化"的会话形式，会话结构存在话题"无限漂移"和话语"无限流动"的特征。群成员在群中观点的表达受群体压力、群类型以及与其他成员之间熟悉度、信任度的影响，表现为一种"沉默螺旋"状态。微信群的会话过程由话题的延续、迁移、转换及回逆构成，同一话题的演化也表现出启动、保持、沉默及终结的生命周期。

微信的特征主要有以下三点：

（1）强私密性。微信不同于微博的强传播属性，熟人社交圈的显著特征使得非熟人、非好友之间的信息沟通接近于零，所以微信对于隐私的保护程度较高。在保证用户的顺畅交流的同时，又保护了用户的隐私。

（2）实名制特征。用户账号的形成和好友的添加可以通过多种途径来实现。微信账号可以通过手机号的注册形成，手机号实名制的实现间接地使微信号的实名制成为可能。另外，当 QQ 端账号的好友导入时，众多的个人资料就会显示出来，被添加好友在收到好友请求时，能够清楚地辨别出是否为熟人，为微信的实名制又增加了一种可能。

（3）"去中心化"到"再中心化"特征。微信是以一款主打聊天类的 App 软件的面貌诞生的。聊天和朋友圈，也就是通讯和社交，是早期微信的唯二功能。相比之下，QQ 里除了聊天和 QQ 空间之外，还有数量多而杂的各类应用，如相册、文件、小游戏、音乐盒、QQ 钱包、个性装扮等，所以说微信是一款中心化程度较高的软件。很快，微信就以简洁的界面、便捷的操作和使用取代 QQ，成为使用频率最高的聊天软件。在将聊天这一核心功能从 QQ 中分化出去之后，微信便开始了它的逐步"再中心化"的过程：在原有的两大功能基础上，又加入了扫码支付、话费充值、小游戏、网页搜索、生活缴费、城市服务、医疗健康、出行服务等形式多样的众多功能或小程序，以及近几年新增的视频号和直播功能。至此，微信早已不再是一个简单的聊天社交平台，而是成为了集诸多子应用为一体的垄断式大平台＋超级混合体，在人们的生活中扮演了一个实质上属于"可交互性"基础设施的重要角色。这就是它所经历的一个从"去中心化"，到"再中心化"，甚至"过度中心化"的过程。

2017 年，腾讯研究院进行了一个有趣的用户研究——"社交斋戒"。这场社会实验通过招募 85 位志愿者，规定他们连续 15 天，每天只限短时间（半小时之内）使用社交网络，并结合量化、质化手段，对于"戒断"网络的过程和结果进行研究分析。最终得出的结论可概括为：有尺度的社交才是最好的。研究人员希望得出的结论能更好地帮助人们去理解社交网络对个体与社会的影响。这是一次别开生面、形式新颖的用户研究，以"不用"来反观"用"，为我们合理、正确地看待对微信及其他社交网络的使用提供了新的视角。

从发展现状来分析，微信主要有以下两大特点：

一是父母或者亲友攻陷朋友圈。微信用户使用微信朋友圈是以了解微信好友的生活状态为出发点的，以便进行更多良性的互动。但朋友圈充斥着心灵鸡汤、各种各样的谣言、没有科学根据的养生方法，越来越多的人选择关闭朋友圈。从社交类产品发展规律可以看到，在发展初期，新生事物的新鲜感，使得人们的兴奋得到调动，但随着微信用户规模的不断扩大，虚假、垃圾信息不断出现，用户因此只能选择逃离朋友圈。

二是公众号的版权意识淡薄。某一公众号推送的深度好文，会被其他公众号无限次地转载、分享，但作为受众的用户往往不知道公众号文章的原始出处。知识产权的保护已经迫在眉睫，已到了必须要进行整治的程度。

关于微信的未来发展趋势，本书认为可包括以下几个方面：① 坚持走强私密关系的熟人社交的发展道路；② 在陌生人的关系建立中，如摇一摇、附近的人等功能上开发出更具特色的方式，满足人们多样化的社交需求以进一步增强用户黏性；③ 坚持知识产权保护和规范监管两条腿走路；④ 保护优质公众号的优质内容，适当加强内容审核，提升微信的自审能力，对于朋友圈的虚假、垃圾信息给予充分的审查，建立起有效的惩罚机制，及时切断不良垃圾信息的传播和转发渠道。

9.3　社交网络

社交网络服务即 SNS，社交网络服务主要是利用互动效应，将现实生活的社交方式在网络环境中进行呈现，以扩大用户范围，建立更为广泛的人际网络关系网。根据哈佛大学心理学教授 Stanley Milgram（1933～1984）创立的六度分隔理论："你和任何一个陌生人之间所间隔的人不会超过六个，通过六个人你就能够认识任何一个陌生人"。依据六度分隔理论，在新媒体时代，每个个体的社交圈都借助网络传播的极速效应被不断地放大，最后成为一个大型的人际关系网络。社交媒体（Social Media）是指允许人们撰写、分享、评价、讨论、相互沟通的网站和技术，是彼此之间用来分享意见、见解、经验和观点的工具和平台。人数众多和自发传播是构成社交媒体的两大要素。

1. 形成与发展

美国 SNS 的发展开始于 20 世纪 90 年代，随着计算机和互联网的发展，社交网络媒体得到广泛的发展。到 90 年代末，博客已经具有一定的影响力。特别是在 2004 年以后，Web 2.0 运动兴起，服务网站开始蓬勃发展，社交媒体由此成为一类不可忽视的媒体力量。到 21 世纪，早期的主流的社交网络媒体如表 9.1 所示。

表 9.1　早期主流社交媒体成立时间

诞生时间	社交媒体形态
1993 年 6 月	博客网雏形生成，到 1999 年，定名为 Hlog
2001 年 1 月	维基（Wiki）建立
2003 年 8 月	聚友网（MySpace）出现
2004 年初	播客网（Flickr）产生
2004 年 2 月	脸谱网（Facebook）建立
2004 年 12 月	掘客网（Dig）产生
2005 年 2 月	优视网（YouTube）出现
2006 年 3 月	推特（Twitter）建立

博客的出现直观地呈现了用户自身创造和传播信息的过程。在此之后，社交媒体不同的表现形态才不断发展起来。具体来说，社交网络媒体的形态包括博客及微博客（如 Twitter 等）、维基、图片分享（如 Flickr 等）、播客及视频分享（如 YouTube 等）、论坛、社会化网络（MySpace、Facebook 等）和网络社区等。社交媒体兼具社交性和媒体性两方面的特征，不仅促进了用户相互之间的关系，其基于关系的信息传播方式也促进了许多公共事件发生后在网络上的快速传播，导致舆情汹涌。另外，从市场因素来考虑，基于关系的信息传播具有更好的营销效果，这也是社交媒体在近期如此火热的原因之一。社交媒体最大的力量就是口碑传播的力量，因此通过社会化媒体经营好企业的口碑将对企业的品牌传播带来无法估量的好处。

美国早期 SNS 的发展潮流激发了中国国内互联网公司的热情。1998 年，中国交友中心的成立标志着我国网络社交网站的出现。经过时间的沉淀，2005 年校内网、51.com 等大量的 SNS 网站出现。2008 年，运营商与互联网积极合作，达成多项合作协议，近一年时间就出现了数以千计的 SNS 站点。

中国 SNS 的发展经历了以下历程：

（1）初级发展阶段（1998 年至 2001 年）：中国网民总数维持在 1000 万人左右，而中国交友中心是 SNS 第一代网络交友形式，是互联网的萌芽时期。

(2) 认知阶段(2002 年至 2004 年)：天际网在美国的 SNS 潮流涌动时应运而生，但是其用户量和活跃度很低，开发出的应用主要以日志为主。

(3) 普及阶段(2005 年至 2007 年)：校内网，即人人网的出现，是最早一批的校园 SNS 社区，彼时其服务内容单一，仅仅被用来作为最低成本的联络工具。

(4) 快速成长阶段(2007 年至 2008 年)：校内网、51.com 等一批社交功能的网站，开始实行实名制。2007 年，模仿 Facebook 的商务 SNS 社区类型海内网也出现了。校内网等一批校园 SNS 在市场中占据主导位置，风投也越来越多地倾向于注入这类企业，然而其经营模式、产品类型都呈现出同质化的问题。

(5) 全面发展阶段(2008 年至 2009 年)：2008 年，涵盖游戏、音乐、视频多种类型应用的开心网开始上线，随即各类模仿开心网，可实现用户的交友功能的网站大量出现，其盈利模式包含广告、会员、虚拟道具等多种方式。同时用户群体也开始偏向城市白领阶层，这一变化也反映了用户需求的多元化。

(6) 成熟阶段(2009 年至今)：从 SNS 出发的典型网络应用衍生出更多的娱乐类网站。可以说开心网和豆瓣网走在时代的前列，与此同时国际风投的注入资本也达到新的高峰。2009 年至今已经有超过逾百家的 SNS 提供商，各门户网站也在积极地开放其自有的 SNS 网站。SNS 网站以其市场结构的稳定性，开始更多地进入生活和旅游类的垂直领域，另一方面也积极探索与电子商务的合作发展机会。

其中，一个典型的案例就是知名社交类软件"小红书"。2013 年，"小红书"在上海成立，全称为行吟信息科技(上海)有限公司，创始人毛文超、瞿芳，产品定位为"美好生活分享社区"，目标用户群以年轻人为主，是一个以传播现代人生活美学、健康生活方式和正确消费决策为主的公开的平台与入口，其推广语是"标记我的生活"。其内容涵盖了美妆、穿搭、健身、家居、读书、旅行、美食等众多方面，用户可以根据自己的兴趣选择关注的博主，或对具体的一条条信息进行点赞或收藏。据数据统计，截止 2022 年 1 月，小红书有超 2 亿月活用户，其中 72％为 90 后，50％分布在一二线城市，共有 4300 万＋的分享者，其中男女用户比例已升至 3：7。在小红书社区，用户们通过文字、图片、视频笔记的分享和社交，记录了这个时代年轻人的正能量和美好生活，并且平台通过机器学习，可以对海量信息和具体用户进行精准、高效、个性化的匹配并进行智能的推送。

2. 社交网络的传播特征

社交网络起源于电子邮件的出现。互联网就是不同计算机之间的网络连接。最初的 E-mail 很好地适应了远距离的邮件传递问题，成为互联网的基础应用，网络社交的原始状态就是电子邮箱的使用。BBS 论坛的出现则基本实现了信息的群发和转功能，对所有人进行信息传递的功能得到最大化的发挥。BBS 实现了社交网络由"点到点"到"点到面"的信息推送方式。即时通信在信息传递速度上实现了 BBS 的功能升级，博客则在信息的节点中表现出个体的自我意识，呈现出较强的社会学和心理学属性。

社交网络功能的目的是积极拓展人际关系，社交性是其最基本的属性。不仅如此，SNS 还包含真实性、私密性、工具性等特点。

(1) 真实性。Facebook 的出现带动了一大批基于 SNS 的应用网站的出现。Facebook 是哈佛大学的校内 BBS，所以用户都是实名制，互联网的自由精神似乎在此毫无存在的必要。但是，正是真实身份的实现，才能消解大量虚拟信息所带来的垃圾信息充斥的恶果，使人与人之间的沟通更加顺畅。实名制的要求给 Facebook 的用户带来更多的信任感，Facebook 的成功继而给后来者带来更大的模仿空间，各类实名制的应用应运而生。当前看来，很少有 SNS 网站要求网站用户进行实名制注册，但是真实信息是网站所积极鼓励的。

（2）私密性。SNS 网站一直致力于用户真实信息的宣传，SNS 网站也能够帮助用户在信息的隐私程度方面做到收放自如，让用户在隐私范围的选择上有更大的自主性，积极帮助用户建设私密性强的沟通环境。

（3）工具性。人们不仅可依靠 SNS 的交友功能满足自己情感方面的需要，而且可以通过不同层级的社交网来拓展职场人脉，从而定制更好的职业规划。越来越多的专业化 SNS 开始发展此类服务。与其他的互联网服务不同，SNS 是人们现实生活的真实反映，已经成为集商业化、生活化、人际化为一体的有力工具。

9.4 移动社区

智能手机的普及，手机端流量资费的下降，全民直播热潮的出现催生了一大批基于手机直播、手机交友为主的移动社区。传统社区是以建立特定的社会网络为目的的特定组织形式，组织的形成来源于用户之间相同的兴趣、想法、爱好等。移动社区则不同于前者，不仅包含简单的聊天功能的实现，更包括优质内容的分享以及视频连线互动，也涵盖了不同场景下的社区组织形式。可以说，移动社区是满足多样化需求的综合性系统性社区。

移动社区包括短信、移动即时通信、论坛、博客、定位服务、交友等新型的互动项目，给生活和工作提供了极大便利。移动社区间用户的沟通和联系促进了知识的交融，建立起双方都可以进一步联系的社会网络层。

1. 移动社区的传播特征

就移动社区的传播特征方面，本节着重分析手机网络直播的特征。手机硬件设施水平的提高给网络直播带来了极大的便利，形成了其独特的优势。

（1）平台的开放性。直播平台的进入门槛降低，放松了对主播的强制性要求，对于不同年龄段的人群都没有限制，进一步扩大了受众群体。

（2）传播的有效互动性。不同于传统直播方式下，受众方单方接受信息的情形，手机直播的交互性有效地促进了信息发出方和受众方的互动性，缩小了主播与观众的距离感，提升了用户体验。

（3）传播形式的时效性和真实性。现代人对社会中新鲜知识的喜好度增加，希望及时获取即时的消息；而用户身份注册的真实性加强了人们对社区的信任度和自身责任的认识。

（4）用户黏性效应的增强。社区归属感的实现，促进了平台用户的交流和沟通，满足了人们个性化表现欲和观看其他信息的需求。

2. 移动社区的现状

目前，移动社区的现状表现出以下特征。次集中化的效应明显增强。从 2015 年直播元年以来，泛娱乐平台在手机直播的用户已经超越 PC 端，微信、QQ 空间、知乎等都是基于群体零散的时间效应，而手机直播的时间在用户在线时间的利用上明显要高于前三者，有较强的次集中效应。市场进一步分化为游戏、体育、财经、电商购物直播等，多元化的直播方式覆盖了生活的各个方面。从用户的角度，受众群体可以选择自己喜好的直播类型；从平台的发展来看，对受众需求制定精细的服务功能，为手机直播的未来发展打下基础。

3. 移动社区的未来发展趋势

移动社区的未来发展趋势则可从以下几个方面进行分析：

（1）创新水平将进一步提升。UGC（用户将自己制作的内容通过互联网平台进行展示）向 PUGC（专业性的用户内容制作展示）的转化，提升了平台的专业化水平，形成高质量的移动社区平台。

（2）与其他技术融合的趋势更快，通过挖掘更多的直播场景和实现形式，有效利用全新的 VR、AR 技术，实现用户体验感的增强，提高用户的品牌忠诚度。

（3）监管水平日趋严格，手机直播行业不断出现各种问题，低俗化、泛娱乐化等问题都是当前急需解决的。广电总局出台的一系列文件都是为支持手机直播行业健康发展，主播素质、直播内容的审查、主播门槛的标准、处罚的方式方法在很长一段时间都将是监管的重点内容。手机直播行业的正常运转是移动社区的重要部分，有利于移动社区行业生态的形成，推动移动社区的健康发展。

4. 移动社区的媒体形态

本节以 YY 直播为例分析移动社区的媒体形态特征。YY 直播所属的欢聚时代公司据 2016 年的财报显示其收入增长 45.9%，净利润为 3.43 亿元，比同期上升 18.1%。究其原因：第一，YY 直播从早期的 UGC 直播转而进化为 PUGC＋PGC 的模式，从技术上赢得了主动权，直播平台专业性水平更上一个台阶；第二，通过素人（无经验的普通百姓）直播的方式，扩大了直播平台主播的数量，由明星直播向大众直播的层面上发展，使用户在观看直播时有更多的选择；第三，进行了直播平台功能的优化，制作出更为优质的内容，提升了用户体验，使用户获取更具观赏性的直播内容；第四，其中才艺类直播的业务更广泛，用户粘合度也较其他平台更好，具有较强的互动性；第五，YY 直播平台基于直播、公会、个人主播间的三角生态结构，吸引了一批稳定粉丝，形成了对粉丝的特别影响力。

本 章 习 题

1. 如何理解社交媒体的去中心化特征？
2. 微信和微博的相同点与不同点分别有哪些？
3. 如何理解移动社区的次集中化效应？

支付宝和滴滴的传播生态

10.1　支付宝的移动生态体系

支付宝的产生来源于移动支付，最早应用于网络电子商务平台淘宝网站，解决买卖双方支付的信用问题。经过多年的发展，支付宝已成为中国最重要的线上线下支付工具。在此基础上，阿里巴巴开发出征信系统——芝麻信用，通过挖掘用户的消费习惯和消费行为，建立起有效的芝麻信用评分系统，率先实现了征信业务的线上化。与此同时，支付宝将芝麻信用创新性地广泛应用到各种支付场景，完成了从支付到信用支付领域的拓展。从图 10.1 可以看出支付宝的广阔应用场景全部都是基于移动新媒体终端来实现的。

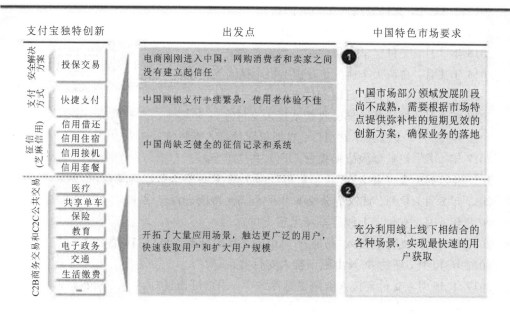

图 10.1　支付宝的应用场景

其应用场景主要分为以下几个方面。

1. 教育

越来越多的教育缴费通过支付宝钱包来完成，不仅高效还方便。支付宝还有相应的支付账单的查询功能，而且能实现与学生证信息的绑定。

2. 电子政务

电子政务先要从用户的账户入手。政务服务的实现必须要将用户的账号纳入考虑。支付宝在应用程序中也是巨无霸的存在，包括 4.5 亿的实名认证的用户，用户只要打开支付宝，就能够实现自己所需要的服务项，加快政府部门办理业务的效率，这对于政府形象和工作认可度都有较大提升。实名认证的用户体系能够减少之后身份核验中重复工作的次数，让群众少跑路，既减轻了政府工作，又节省了群众的时间。蚂蚁金服在城市服务中投入了大量的工作，首先在江苏省铺开。水电煤气的缴费，包括交通违法和社保公积金的查询服务，支付宝都能够实现。城市服务的方便能够对政务网起积极促进作用，各类财政支付所需的缴费项目，在接入了支付宝后就能够完成，不需要去办事大厅排队取号，真正实现了工作效率的提升。江苏的政务网和支付宝的战略合作，在短短三个月的时间里就实现了成本的降低和效率的提高。

3. 交通出行

2021 年全国铁路旅客发送量为 26.12 亿人次，超过 6 成的人在网络上购票。地铁方面，单是上海地铁，2021 年的日均客运量就高达 978.1 万人次。过去几年，马云、马化腾都在交通出行领域重兵布阵，着力为移动支付构建一个包含自行车、公交、地铁、出租车、汽车、火车、飞机在内的全交通场景。

2013 年 5 月，支付宝接入快的打车；

2013 年 11 月，支付宝接入 12306 网站；

2016 年 2 月，支付宝与 Uber 达成全球出行合作；

2016 年 3 月，支付宝平台可购买广州地铁票；

2016 年 4 月，台湾大车队 1.6 万辆出租车接入支付宝；

2016 年 8 月，杭州试运行刷支付宝坐公交；

2016 年 9 月，杭州高速部分收费站接入支付宝；

2016 年 12 月，全国火车站窗口、自助机陆续接入支付宝；

2017 年 4 月，蚂蚁金服战略投资 OFO（共享单车）；

2017 年 5 月，支付宝上线"共享单车"，支持多家共享单车扫码骑车；

2017 年 5 月，杭州、武汉的公交车几乎全部支持刷支付宝乘车；

2017 年 6 月，支付宝上线停车场无感支付；

2017 年 9 月，支付宝接入"易通行"App，北京部分地铁可以扫码进站；

2017 年 10 月，纽约 80% 出租车接入支付宝；

2017 年 10 月，支付宝接入上海磁悬浮列车，用户可通过"大都会"App 扫码进站；

2017 年 10 月，支付宝接入香港出租车。

2018 年 10 月，全国部分高速收费站上线支付宝——ICT 信用支付（车牌付）功能，车主将车牌和支付宝绑定，通过 ETC 收费站时，可直接从支付宝中扣款；

截止 2020 年，已有超过 200 个城市支持以支付宝乘坐公交、轮渡和地铁付款。

交通领域的大体量数据是任何互联网公司都需要的，将交通场景纳入未来场景的发展当中，对未来用户战略的实施和转变大有裨益。数据的精准性也更胜于其他数据来源。交通数据是基于人口红利市场进行收集的，对于分析用户的生活习惯和消费行为具有重要意义。

4. 生活缴费

水电费、燃气、固定电话、物业等多种费用都可以纳入生活缴费中。支付宝在用户不记得自己户号的情况下，可以通过户号的匹配服务，利用快递的收货地址识别出用户的户号(户号匹配的功能是大数据功能的充分利用)，经核对匹配信息无误后，用户不需要手动输入户号，就能够查询相应的账单和欠费情况。家庭成员都具有家庭账号，家庭成员每个人都能够知悉家庭的各项费用支出。新版的支付宝又延伸到租赁市场，房东和租客能够在同一个账号内看到房屋租金单的情况，能够促进租赁双方权益的保护。如果支付宝实现租赁中介的功能后，将会对中介行业形成巨大的冲击。

支付宝 9.0 的另一亮点是推出了离线缴费功能。不少生活缴费项目是有时间限制的，而离线缴费在生活费用出账后，用户可以在任何时间段缴费，即使不在缴费时间段，新版支付宝也会待缴费机构接受缴费服务后，第一时间接收到费用，完成缴费。

5. 医疗场景

支付宝还开拓了大量应用场景，触达更广泛的用户，可快速获取用户和扩大用户规模。图 10.2 所示为支付宝医疗场景应用示例。传统就诊方式的问题累积较多，不仅排队时间长，等候时间也长。支付宝上线的一站式服务平台，有效地整合了看病的全流程。人们正在积极探索"未来医院"的发展方向，也积极研究服务效率如何提升的问题。

为实现这一创新，支付宝与医院和相关合作伙伴进行开拓、整合，深度介入就医全流程，与医院业务流程、信息系统深度对接，与平台伙伴共同打造"未来医院"。目前有 200多家医院与支付宝签约，其中已上线的为 82 家。未来，支付宝还计划完成电子处方、就近药物配送、转诊、医保实时报销、商业保险实时申赔等环节，并进一步开放大数据平台，结合云计算能力，与可穿戴设备厂商、医疗机构、政府卫生部门等合作，搭建基于大数据的健康管理平台，推动"未来医院"新型组织结构的形成。

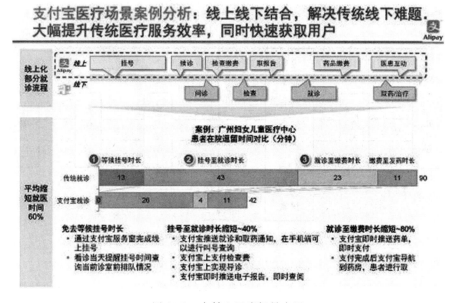

图 10.2　支付宝医疗场景应用

10.2　支付宝蚂蚁森林的公益传播

公益传播指的是向受众传递与公益事业相关内容的活动。从早期的"希望小学"图片报道、"节约用水"口号，到如今的众筹募捐、游戏互动、公益直播，公益传播不仅有助于国民整体素质的提升，而且对关爱弱势群体、缩小贫富差距、促进社会稳定起到积极作用。蚂蚁森林是支付宝客户端于 2016 年推出的一款互联网环保公益项目。为了鼓励用户在日常生活中减少碳排放量，蚂蚁森林首创了个人低碳账户，以量化形式记录用户的低碳行为。累积的账户能量可以在虚拟界面养育一棵树，当树木长成之后，支付宝则会联合其他合作伙伴在真实世界种植树木，并且授予用户植树证书。根据《互联网平台背景下公众低碳生活方式研究报告》，截至 2019 年 8 月，蚂蚁森林用户超过 5 亿，累计减少碳排放 792 万吨，共同在地球上种下了 1.22 亿棵真树，面积相当于 1.5 个新加坡。该项目还得到了中国绿化基金会、联合国环境规划署的充分肯定，扩大了公益环保的参与度。

蚂蚁森林和蚂蚁庄园联结线上和线下的场景，帮助用户通过支付宝支付、线下低碳行为和线上种树的游戏形式参与防治沙漠化的公益活动，关系到消费大众的衣食住行各方面，涉及金融、服务、教育、健康、娱乐、电商、出行、快餐等多行业。消费群众使用手机或电脑等媒介在与之相对应的网络客户端（如支付宝、淘宝、美团、京东等）进行线上线下消费的同时，通过一些企业促销活动或线上游戏了解环保公益，参与低碳行动，如图 10.3 所示。

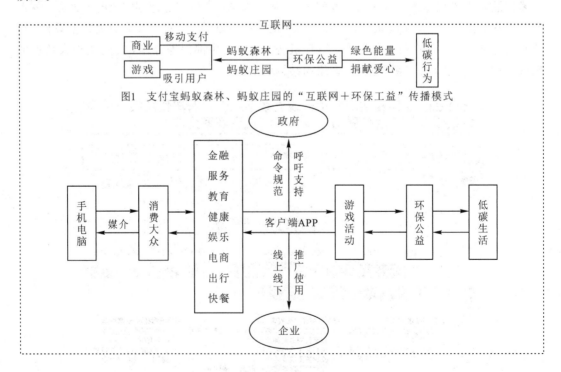

图1　支付宝蚂蚁森林、蚂蚁庄园的"互联网＋环保工益"传播模式

图 10.3　蚂蚁森林公益传播模式

该模式的重点是在游戏模式和环保公益结合上进行创新，分别基于大众不同消费方面

所涉及的行业特征进行创新,在营造美好生态氛围的基础上,为大众提供安全舒适的消费环境,逐步实现碳交易"提现"功能和交易多元化,借助网络媒体文化来发挥公益引导作用,吸引更多的人参与其中。

1. 蚂蚁森林运作模式分析

用户在平台领取一棵虚拟树苗,通过行走、共享单车、网络购票及各种线上线下支付低碳行为获得支付宝能量奖励,累计一定值后即可兑换真树,由蚂蚁金服公益合作伙伴购买树苗在荒漠地区种下一棵真树,同时给用户颁发一张专属编号的"荣誉证书"。此外,用户可通过收取好友能量或给好友浇水来赠送能量,在轻松愉悦的环境下参与到低碳环保公益事业中,这种有趣又有意义的玩法大大增强了用户活跃度,在社交互动中推动了低碳生活方式的进行。蚂蚁森林自 2016 年 8 月上线以来,虚拟树达到了 5 亿棵,真正种植在沙漠里面的树苗已达 2 亿棵,种植面积高达 274 万亩,在给荒漠地区带去生机的同时,也帮助社会群众参与到低碳生活中。

2. 蚂蚁森林对低碳行为的助推方式

Thaler 的"助推"机制阐述了如何运用这一新兴理念对人们施加助推力,以帮助人们更好地实行自我控制,做出对自身更有利的决策。此种机制不但能帮助人们减少认知偏差和反常行为,做出更符合个人和社会福祉的决策,还在环境保护、投资理财、社会保障、个人生活等诸多领域都发挥着积极的作用。大众由环保意识到低碳行为的转变过程需要低碳理念这一认知支撑,而助推机制便是帮助公众发生转变的方式。与以往公众熟知的环保宣传方式相反,蚂蚁森林不靠宣传二氧化碳高度排放带来的危害,而是以一种鼓励式的教育方式引导公众,除了减少私家车出行,生活中很多细小的行为如网络购票、在线缴费等都属于低碳行为的范畴。在获取能量的过程中,用户之间的互动也是蚂蚁森林对低碳行为助推的实现

10.3　滴滴平台传播的交互性分析

交互性是媒体界面设计中的一个重要特性,也是以计算机为媒介进行交流的重要优势。交互性在过去的二十年间在多个领域中被广泛讨论,如广告、营销、信息系统和计算机科学。移动设备中网站的交互性集中体现在手机应用软件(App)上,在众多应用软件中,打车软件由于其独特的功能,既要实现界面与用户的人机交互,又要通过应用顺利实现用户和车主之间的人际交互,对于交互性的属性要求特别高,因而交互性的重要性变得不言而喻。

一般来说,对新媒体平台和信息技术的认知的有用性和易用性是使用平台的关键驱动力。认知的有用性是用户相信使用特定系统提高他们工作或生活绩效的程度。易用性是指用户相信使用特定系统是不费力的。用户的观念会形成对实际系统使用的态度,进而影响对使用这个平台功能的行为意向。但是,随着信息技术、目标用户、媒介环境的改变,认知有用性和认知易用性越来越受到交互性的影响,根据特定环境内容,移动互联网和信息技术带来了不同的交互可能性。更高水平的交互性,如可有效控制的用户体验,丰富的、双向交流的内容,会使用户认知到更多的有用性和易用性。

本节以手机打车软件滴滴打车的用户为研究对象，探索打车软件的交互性对用户行为意向的影响。我们研究发现交互性可以用以下几个方面来衡量（如表 10.1 所示）。

表 10.1　滴滴平台交互性的衡量指标

测量变量	题 项 内 容
交互性	打车软件对用户反馈的处理是有效率的 打车软件加载信息很快 打车软件处理我的请求时响应迅速 我能随时进入打车软件搜寻信息（网络接入正常） 我能在任何地方进入打车软件搜寻信息（网络接入正常）

通过对用户的访谈分析，发现用户普遍认为滴滴平台对于用户反馈的处理效率是比较高的，加载信息的速度很快，处理打车请求的响应也很及时，同时能随时接入平台搜寻打车信息，基本上也能在任何地方搜寻到有用信息。这些说明该平台的交互性得到了保证和加强。而正如调研结果所显示（如表 10.2 所示），平台的交互性与用户认知平台的有用性和易用性正相关，并且通过它们增强用户对平台的信任，最终转化为用户的使用行为。

表 10.2　滴滴平台交互性评价结果

	1	2	3	4	5
1 交互性	1				
2 有用性	0.742**	1			
3 易用性	0.795**	0.802**	1		
4 信任	0.753**	0.721**	0.747**	1	
5 行为意向	0.674**	0.677**	0.683**	0.739**	1

注：表格内 * 号代表相关性程度。

该表揭示了移动应用软件的交互性显著影响用户的行为意向。交互性高的移动界面会使用户倾向使用这款软件服务并且推荐给朋友使用。这个结果直接呼应了技术特征，如交互性如何影响个体行为改变的推断。

10.4　滴滴的信息生态体系构建

互联网新媒体改变了传统行业，其中一个典型的例子就是滴滴打车。互联网是一种能有效提高行业服务效率，整合行业平台资源的工具。更重要的是要具备互联网思维，要围绕消费者，从消费者需求入手，并且不仅仅是单纯地将传统行业与互联网相加，更是一种融合，线上与线下的融合，内部与外部的衔接，在融合中不断发展。移动互联网和手机终端将线下的用户和企业供给通过线上平台联系在一起，创造了新的信息传播类型和新的产业。

此外，互联网提供了产品宣传和营销信息传播的平台。企业宣传自己的品牌是一大难点，有时会力不从心，而新媒体则提供了很好的平台，具有成本低、时效性强、用户覆盖率高等优势。微信、微博的广泛应用是一个绝佳的机遇，其互动性极强，可以及时与用户交流并收到反馈；还可以有效传达企业文化、企业营销理念等。其营销市场是不言而喻的。另外，事件营销也是企业营销的一种手段。事件营销一般以软文的方式呈现，以达到传播的目的，因此相对于平面媒体广告来说其成本要低很多。如果企业能够充分利用新媒体平台，并在其基础上把握网络营销的机会，注重企业产品、服务与新奇、独特、有趣的事件相结合，使每个人都有可能成为自己品牌的传播者，则有助于企业提高知名度和美誉度，促进其持续健康发展。

同时，网络使消费者成为信息源。竞争激烈的市场，要取得优势，一方面要紧跟时代潮流。另一方面，要找到信息交流的最佳方式。以滴滴打车为例，司机作为其重要的用户，如果能免费为滴滴品牌做宣传，必将是个绝佳的宣传方式。除了平时的宣传，如果能让消费者口碑相传，就能达到更好的传播效果。互联网的创新，带动了商品和服务的创新，会激发消费者新的消费需求。在新经济时代，消费者需求呈现出多样化、动态化、个性化的特点。企业想要持续健康发展就必须掌握消费者的消费习惯，通过与消费者的沟通，征集消费者的反馈，既可以对现有产品进行改善，又可以了解消费者的动态需求，调整产品结构。企业发展不能完全被动地接受外部的信息，要主动地去调查发现消费者新的需求、新的消费习惯，寻找新的业务突破口等，及时更新换代。

滴滴打车已逐步建立了自己的新媒体生态体系，现已与百度地图、微信、支付宝等进行跨平台合作，通过第三方的服务，以完善自己的功能，给用户更加完美的体验。滴滴的生态体系如图 10.4 所示。背靠中国巨头阿里巴巴和腾讯在支付和社交领域强大的生态布局，可谓滴滴成功的关键之一。

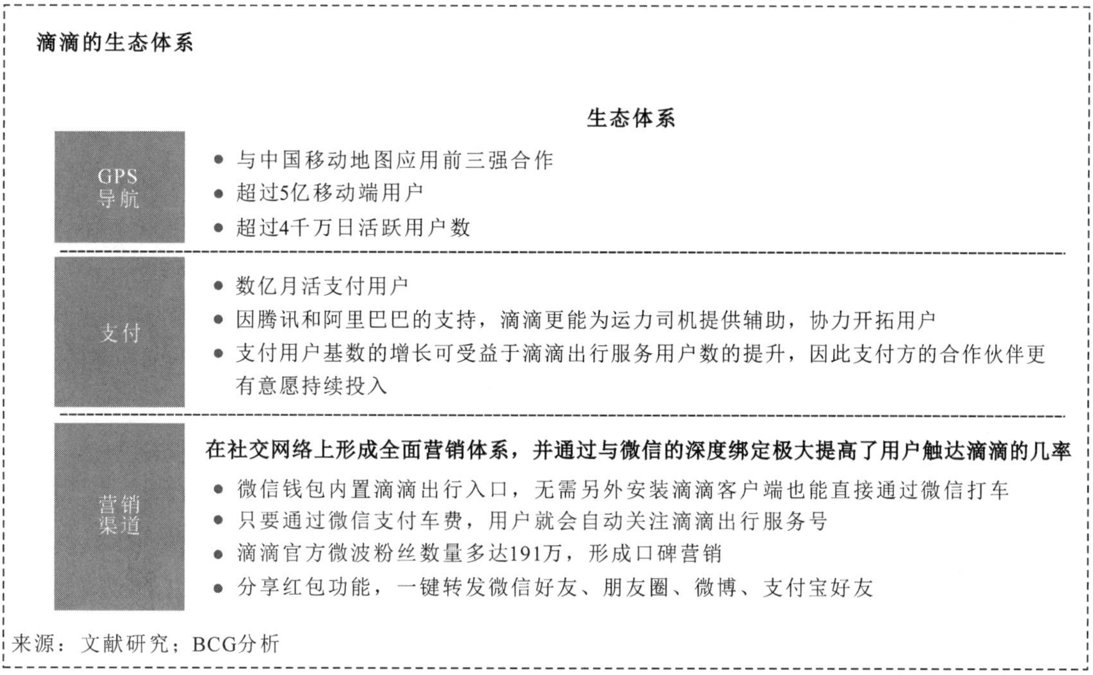

滴滴的生态体系

生态体系

GPS 导航	• 与中国移动地图应用前三强合作 • 超过5亿移动端用户 • 超过4千万日活跃用户数
支付	• 数亿月活支付用户 • 因腾讯和阿里巴巴的支持，滴滴更能为运力司机提供辅助，协力开拓用户 • 支付用户基数的增长可受益于滴滴出行服务用户数的提升，因此支付方的合作伙伴更有意愿持续投入
营销渠道	**在社交网络上形成全面营销体系，并通过与微信的深度绑定极大提高了用户触达滴滴的几率** • 微信钱包内置滴滴出行入口，无需另外安装滴滴客户端也能直接通过微信打车 • 只要通过微信支付车费，用户就会自动关注滴滴出行服务号 • 滴滴官方微波粉丝数量多达191万，形成口碑营销 • 分享红包功能，一键转发微信好友、朋友圈、微博、支付宝好友

来源：文献研究；BCG分析

图 10.4　滴滴的生态体系

在支付方面，滴滴借助腾讯和阿里推广移动支付的契机，强强联合，以大规模的补贴在短时间内获取了大批客户。在营销渠道方面，滴滴亦借力腾讯和阿里在社交网络的布局和影响力，通过与微信的深度绑定极大提高了用户触达滴滴的几率；微信钱包内置滴滴出行入口，无需另外安装滴滴客户端也能直接通过微信打车；只要通过微信支付车费，用户就会自动关注滴滴出行服务号；滴滴官方微博粉丝数量多达191万，形成口碑营销；分享红包功能，一键转发微信好友、朋友圈、微博、支付宝好友。

滴滴打车应用给我们的启示是，为了改变用户的认知态度，应该考虑增加交互技术来丰富移动应用。交互性增加能够触发用户对产品有用性、易用性的认知，从而对移动应用软件的行为意向产生积极影响。开发者应当根据用户需求、偏好以及地理位置开发相应的界面。利用移动设备独特的性质，来为用户提供相应的产品和服务以满足消费者的需求。企业应当充分利用移动媒体来进行营销。打车软件可以根据识别的用户位置，提供最近的车辆服务信息。类似地，其他软件也可以通过用户的位置信息，提供相应的服务。再次，营销人员可以根据实际情况，为用户提供多样的交互性界面。为了提高信任，要提高应用软件界面的用户控制、响应、连通性并提供与环境相关的信息与服务。从营销角度看，排除人际交互的因素，做好人机交互方面的工作也显得尤为重要。

本 章 习 题

1. 支付宝起源于什么？最早应用于哪个电子商务平台？
2. 支付宝的线上征信系统是如何运作的？
3. 支付宝为用户构建了哪些场景？这些场景各自都有哪些特点？
4. 请分析滴滴平台传播的交互性。

今日头条和知识付费平台

11.1　今日头条

今日头条创立三年后，其累积激活用户突破 3.5 亿，日均文章阅读量 5.1 亿人次，发展成为与腾讯、网易三足鼎立的资讯客户端。

1. 今日头条的产品逻辑

今日头条于 2012 年 8 月正式上线，是一款没有编辑的内容推荐类应用，采用个性化推荐引擎技术，通过海量信息采集、深度数据挖掘和用户行为分析，为用户智能推荐个性化内容。其产品逻辑如下：

用户需求挖掘＋全网内容聚合＋智能匹配＝个性化推送＝高效分发

在用户需求挖掘方面，今日头条引用了算法和数据挖掘，以及机器学习等技术，以用户社交数据为基础对用户兴趣进行动态挖掘和了解，勾画用户兴趣图谱，并在不断的"计算"中完善用户需求。在内容获得和选择上，今日头条本身并不生产内容，也不像其他客户端那样靠编辑人工筛选新闻，而是利用技术聚合全网内容资讯，并对所有的内容进行特征分析和关键词标引。在新闻内容的提供上，今日头条秉持"你关心的，才是头条"原则，通过信息内容的精准传播和推送，实现了高效的内容分发。

随着用户量和知名度的明显提升，今日头条强调"新闻搬运工"的内容聚合模式使其深陷版权风波。2014 年底，今日头条推出了媒体平台——"头条号"。头条号是今日头条旗下开放的内容创作与分发平台，实现了政府部门、媒体、企业、个人等内容创作者与用户之间的智能连接，其追求的口号是"发现更大的世界"。截至 2020 年 12 月，头条号帐号总数已超过 160 万，平均每天发布 60 万条内容。其专业创作者达 13.8 万名，他们在今日头条平台上拥有医生、律师、博士、学者、考古专家、农技专家等职业身份认证，创作的内容涵盖了 5G、芯片、疫苗、北斗卫星等话题。今日头条创作者 2020 全年共发布多种体裁的内容 6.5 亿条，累计获赞 430 亿次，分享相关内容 7.4 亿次，总评论数达 443 亿次，其中点赞数是上一年的近 5 倍。微头条是今日头条旗下的社交产品，用户可通过发布图文、短视频、直播等多形式的动态与他人互动，逐渐与他人建立起社交关系。在微头条，用户每天产生的互动数量超过 2000 万，发布量近 1000 万，活跃的大咖超过 1 万位。我国的中央国家机关和政府机构已经将头条号作为信息发布的重要平台。

今日头条从内容分发着手，利用计算机技术的机器学习和大数据挖掘迅速获得了亿级的庞大用户群，通过搭建"头条号"平台迅速聚集了海量的内容生产和提供方，又通过内容匹配系统和广告运营系统实现了内容和平台的价值变现。今日头条构建的基本生态系统初步形成，如图 11.1 所示。

图 11.1　今日头条内容生态系统示意图

2. 今日头条的发展

今日头条由 2012 年初成立的北京字节跳动科技有限公司研发出品，公司团队中 80%是技术人员。目前，其盈利模式主要为广告，包括开屏广告和信息流广告等，月收入在 2014 年就已超过千万元。今日头条 2014 年 6 月完成 C 轮融资时，估值已达 5 亿美元；2014 年底推出"头条号"媒体平台；2015 年 9 月推出"千人万元计划"和"新媒体孵化计划"，并完善了广告运营体系，鼓励和扶持内容创业。创始人在对今日头条的下一步的定位中提出，其在内容制作上不仅提供新闻内容，还会根据用户所处的不同场景提供包括视频类、购物等相应的生活类、服务类信息。

今日头条的主要发展指标如图 11.2 所示。

市场概况
· 八成网民阅读资讯，用户规模超6.5亿人，手机端收入规模将达451亿
· 小镇青年是移动互联网的潜力人群，80后和银发老人的阅读资讯时长增长更快

内容生态
· 今日头条形成较稳定的活跃人群，MAU达2.6亿、日活近1.2亿，日活位居综合资讯行业榜首
· 头条号160万+，优质垂类创作者10万+，垂直领域超100类，体育、汽车日均阅读量超5000万
· 今日头条视频内容观看量已超图文，视频播放量占头条整体65%+
· 头条号文章发布量超1.6亿，视频发布量超1.5亿

用户数据
· 男性占比和TGI高，19-35岁人群占比近7成，高线城市用户分布显著
· 18-30岁人群更爱夜间看头条，40岁人群凌晨5点活跃度TGI最高
· 用户主动搜索意识提高，对汽车搜索热度较去年同期提升36倍，男爱体育汽车，女爱美食健康
· 体育、三农或教育类话题互动更高，娱乐、宠物类话题点赞更积极
· 打造重点垂直行业，体育、汽车、数码科技以及旅游等行业内容增长较快

图 11.2　今日头条的发展指标

如图 11.3 所示，今日头条的头条号内容创作者，逐渐从个人内容创作者向群体创作者、机构创作者、媒体创作者以及政府头条创作者延伸。这样的内容创作生态既增强了普

通用户的参与感和平等感，引入了大量的流量，同时也增强了内容的权威性和内容质量的提升。而今日头条平台方不再需要花费资源和精力在内容的采编上，更多的是引导和规划内容类型，增强内容的质量和广泛性，以及把控内容的合规合法性。

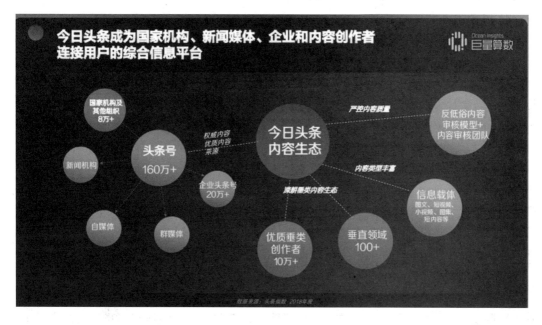

图 11.3　今日头条的头条号类型

如图 11.4 所示，今日头条通过大数据分析，掌握用户阅读文章类别偏好，将相关内容进行算法分类，打造重点垂直行业，将不同类别的内容与用户偏好进行匹配，实现精准传播。根据对用户偏好的大数据分析，体育、汽车、数码科技以及旅游等内容增长较快。

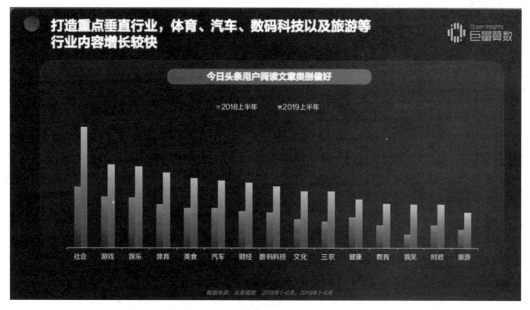

图 11.4　今日头条用户阅读偏好

3. 今日头条的核心价值及未来发展空间

今日头条的核心价值体现在三个方面：第一，海量用户数据的积累；第二，多主体互利共赢的生态圈的形成；第三，移动端的信息入口的价值。

1）海量用户数据的积累

马云曾说过，"阿里最值钱的就是那堆数据。"今日头条超过 3000 万的日活跃用户，每个用户每天使用时长超过 45 分钟，平台每天平均产生 67 亿次下拉上滑、700 万次收藏、440 万次站外分享、350 万次顶踩和 110 万条评论，所有这些行为都会被反馈到服务器上并记录下来。今日头条掌握着大量的用户数据，能够基于行业、人群的不同方向实现算法的运算，来对数据做出分析，达到数据的最大化价值。

2）多主体共赢的内容生态

通过头条号的创立，依托其流量分发优势、广告运营匹配、资金扶植、自媒体孵化器、产品支持等一系列内容聚合与生产的培育机制，吸引机构、自媒体内容向平台汇集。通过广告运营系统，在分发内容的同时，也实现了广告的精准匹配与分发，同时也实现了内容的商业变现。由此，平台形成了一个由用户、内容生产者、广告方、投资者组成的多主体互利共赢、稳定且可持续发展的内容生态体系。

3）移动端的信息入口

今日头条是最近一年中装机量最大的几款 App 之一，是移动网络中较大的流量入口。有关数据显示，今日头条的流量总数达到了除腾讯新闻外的其他所有客户端的总和。互联网中，流量始终是王道。今日头条做到了内容生态集聚的形成，获取了极为有效的用户数据，构建了巨型流量入口，其流量分发未来可以扩展到更多领域。在张一鸣的构想中，今日头条将从一个内容应用起步，最终打通人、信息和服务，成为一个更庞大的生态，一个更关键的移动入口。

4. 今日头条对内容产业的创新意义及启示

今日头条没有 BAT、新浪的大公司背景，也没有足够的用户基础，从零起步。它的出现和发展，是大数据等先进互联网技术在内容产业的具体应用。它所构建的全新的内容聚合和分发机制，重新定义了内容产业的内涵，在把握内容产业的发展方向，以及推动传统内容产业的转型方面独具优势，是其他产品可以学习的榜样。

1）用户需求定位：从某类用户的共性需求到针对每一个用户的个性需求

传统的内容制作强调用户群的重要性，并不突出个体用户的个性化需求，而是更多地基于特定群体的共性需求。而且，市场调查也要求实现特定目标的调查。对于不同的用户个体，今日头条能够充分利用其喜好的不同，分析他们的需求，并能够连接到其他社交账号上。今日头条可在 5 秒内实现对用户数据的挖掘，形成用户兴趣图谱，并根据用户在平台上的每个动作 10 秒之内更新个人模型，从而实现"用户用得越久，越了解用户"的目的，不断提高匹配精准度。今日头条将大数据的技术应用发挥得淋漓尽致，是移动互联网的"用户中心"的最好诠释，所以才实现了快速的发展。移动互联网时代，产业环境、用户需求、技术支撑、产品概念、商业模式都在发生巨大的变革，传统内容机构应该在移动互联网的背景下思考产业转型升级，在移动互联网的框架和逻辑下理解用户和市场，充分利用网络平台与技术，重视与用户建立有效连接，把握用户个性化需求，在内容产品与服务、传播渠道与方式上创新，从而实现商业模式创新与业态转型。

2）内容消费痛点：最稀缺的不是优质内容而是内容分发效率

痛点就是用户在一个特定场景下的核心需求点。作为传统内容产业从业者，我们一直以为用户最需要的是优质内容，总是在强调"内容为王"。今日头条却利用算法技术实现了内容分发效率的实现，进而缩减了用户搜寻信息的时间成本，实现了内容和人的高效精准连接。移动互联网的发展带来了信息爆炸，用户的时间越来越碎片化，这就决定了当用户想从手机获取信息时，特别希望一打开就是自己想要的。今日头条正是抓住这一点，取得了飞跃式发展。分发效率的提升不仅要从用户的需求出发，还要打破原有的传统约束，扩大发布渠道，建立有效的分发渠道体系。现在看来，各类终端载体和各类传输通道构成了丰富的数字内容分发渠道。

手机上网的移动终端是内容实现从制作到消费的工具，是内容制作目的的实现的出口。必须探究各类平台、各种渠道的多层次发展，才能获取更多的用户数量，提升企业利润，实现企业的长期发展。

3）信息筛选权力：从以编辑为代表的传媒精英到社交关系和算法

行业的普遍观点是内容生产的根本优势在于提供优质内容的能力，而最基础的是编辑的筛选能力，将最有用的信息传递到用户手中。但是，今日头条没有编辑，其80%的员工都是技术人员，然而，它却在短短的时间里以对用户需求的机器智能匹配技术战胜了无数优秀的出版机构、新闻机构的应用软件，甚至从四大门户的新闻客户端手中抢走了三分之一的用户。张一鸣在最近一次演讲中描述："未来媒体，是时候把过滤信息的权力让渡给社交关系和算法了"。传统媒体信息过滤的权利，某种程度上已经被社交关系和算法技术替代。

信息爆炸的泛阅读时代，编辑的价值判断已经不再是内容媒体的核心竞争力。移动互联网技术的突飞猛进，也促进了新媒体行业结构的调整，不能够充分利用互联网关键技术，将极有可能失去未来行业发展的话语权。传统的内容制作方应该以开放的的心态，积极强化自己的技术实力，真正提升内容生产的竞争力。

4）对内容平台的认识：从"去中心化"到多方共赢的生态系统

数字技术的发展改变了制作内容的生产方式和传播方式。今日头条与之前的数字展示平台不同，它创立起多类型用户的闭环生态系统。专业数字内容平台等为代表的中介平台的合作中，无论是在版权使用规范上，还是盈利分成上都非常"受伤"。所以，去中介化成为数字出版人一度高扬的大旗。手机运营商的阅读平台、亚马逊电子书销售平台在自己机构的收益能够收获不少，但就整个市场看，市场的外延没有打开，处于分隔的状态。微信账号基于微信公众号的阅读平台，只有依赖朋友圈的分享转载才能够被更多的人所了解，不是用户自己主动寻找的行为。头条号则将用户感兴趣的内容进行匹配分发，为内容制作方的头条号带来更多的流量。北京青年报常务副总编田科武曾在其文章中提到，他在微信订阅号上发的一篇亲子类文章，在微信上阅读量是6000多，但进驻头条号，四天时间阅读量就突破了130万。

今日头条的发展模式类似于淘宝提供的平台，为传统的内容制作机构提供了转型发展的高效平台。可以预见的是，随着数字信息技术的发展，数字出版产业会形成内容生产、内容传播、内容分发的完整的产业链条。在注意力中心化消解、小众长尾需求逐渐得到满足的互联网环境下，随着渠道扁平化、多元化，内容变现的链条被打通，并成为天然流量入口。未来，具备"生态"特征的龙头企业将成为真正有竞争力的内容平台，具有专业性、精品化特质的内容创业团队将迎来光明。

11.2　知识付费平台

媒介渠道与内容不再稀缺，有限的用户注意力才是真正稀缺的。媒体为获得利润极力争取用户注意力，大量提供免费信息，导致信息极度泛滥，信息鱼龙混杂，用户难以从海量的信息中获取有价值的信息，故对高质量信息提出了更进一步的要求。这种供求不平衡的传播状态催生了知识付费平台。知识付费是一种以开放型内容社区为依托，在付费的基础上由个人面向网络大众提供在线咨询、网络课程、信息共享等内容服务的传播模式。

知识付费作为一种新的学习模式、商业模式和信息传播模式，近年来得到异乎寻常的发展。2016 年被称为知识付费元年(得到、知乎、分答、喜马拉雅等知识付费平台在该年相继上线，纷纷探索各种知识付费形式)，2017 年中国知识付费产业规模已达 49 亿元人民币，到 2021 年该产业规模达到了 675 亿元。在"知识付费"浪潮的带动下，"为有价值的内容付费"的用户观念也已初步形成。知识付费给整个内容生产领域带来了新的生机：对生产者来说，知识付费能够在某种程度上保护知识信息生产者的知识版权，激励优质内容的生产；对用户来说，知识付费能够使用户高效地筛选知识，获得更个性化的信息服务。知识付费代表了正在发生的互联网知识生产、传播与消费范式的重大转变：从过去的公共、分享式的知识社区转变为有着工业化、专业化的知识生产机制和基于数字经济的知识服务产业；从过去碎片化的信息获取转变为依赖知识中介，获取跨界通识、中层化的知识类型。

知识付费平台要实现持续发展，需要重点解决两个方面的问题。从机制角度，平台的机制设计需要有效开发用户的认知盈余并实现供需双方的匹配，以刺激知识生产，同时需要推动基于自组织的平台进化和平台文化建设，提高社区整体和个体的社会资本，推动知识共同体的产生。从用户意愿角度，感知有用性和感知易用性都会影响用户使用知识付费产品的意愿。质量价值、社会价值、价格价值和收益价值对用户付费意愿均具有显著影响，其中社会价值是最主要的影响因素。过去行为对社会价值/价格价值与用户付费意愿的关系具有调节作用(相较于已付费人群，社会价值对未付费人群付费意愿的作用更为显著；相较于未付费人群，价格价值对已付费人群付费意愿的作用更为显著)。

本 章 习 题

1. 今日头条提供什么样的产品？
2. 今日头条的核心价值是什么？
3. 什么是知识付费平台？它是如何产生的？

Bilibili 和网易云音乐

12.1　Bilibili

1. 网站概述

Bilibili，中文名哔哩哔哩，简称 B 站，是一个中国年轻一代高度聚集的文化社区和视频平台，创立于 2009 年 6 月 26 日。早期的 Bilibili 是一个以二次元漫画、动画分享和电玩游戏（Animation Comic Game，ACG[①]）为主的，集内容创作与分享功能于一身的视频网站。经过十余年的发展和进步，Bilibili 围绕用户、创作者和内容，构建出了一个能够持续产出优质内容的生态系统。在内容上，Bilibili 有动画、番剧、音乐、舞蹈、游戏、国创、科技、娱乐、生活、影视剧、鬼畜、时尚、放映厅等 15 个主要板块的内容分区，成为涵盖7000 多个兴趣圈层的多元文化社区，是目前国内最大的亚文化聚集地。

2018 年 3 月 28 日，Bilibili 在美国纳斯达克上市。2020 年 9 月 15 日，B 站定制的视频遥感卫星——"哔哩哔哩视频卫星"成功升空。2021 年 3 月 29 日，Bilibili 正式在香港二次上市，每股定价 808 港元，集资净额 198.7 亿港元。2020 年，B 站月均活跃用户已达到 1.97亿，并在 8 月首次突破了 2 亿，为四年前的三倍，其中大部分用户在 25 岁以下。它曾获得Quest Mobile 研究院评选的"Z 世代[②]偏爱 App"和"Z 世代偏爱泛娱乐 App"两项榜单第一名，并入选"BrandZ"报告"2019 最具价值中国品牌 100 强"。

Bilibili 的受众群，多为互联网时代的新新人类、Z 世代人群。他们拥有丰富的新媒体使用经验，长期活跃在互联网世界里，并且对现实世界和主流文化中的"权威"与"规则"有着不同程度的反抗心理。因此，他们也成为了 Bilibili 的主力消费群体。他们能够沉浸在Bilibili 营造的虚拟世界里充分地享受娱乐、表达自我、寻找群体认同感和归属感，并在此过程中收获属于自己的"使用与满足"。

2. 弹幕

弹幕视频系统，源自日本的弹幕视频分享网站 Niconico 动画。首先引进弹幕的是国内的视频网站 AcFun，其后则是我们熟悉的 Bilibili。

"弹幕"一词的原意是在军事作战中像幕布一样密集射击的子弹，后被引用到射击类游

---

①　在国内，ACG 文化通常被解读为动漫文化、二次元文化或"御宅族"文化。

②　原指在 1990 年代中叶至 2000 年后出生的人，或被称为网络世代、互联网世代，后来统指受到护理网、即时通信、短信、智能手机和平板电脑等科技产物影响很大的一代人。

戏领域。我们今天熟悉的弹幕是指用户在网络上观看视频时，随视频的播放而自右向左弹出并迅速飞过画面的评论性字幕，因其在屏幕上飘过时的效果如同飞行射击游戏里穿梭的子弹而得名。弹幕的实质，是用户对于视频的一种评论，一种区别于主流网络交际形式的、创新的、即时的互动类型的视频评论方式。弹幕文化，也是 Bilibili 不同于其他视频网站的、独树一帜的、亚文化风格的网站构成元素。弹幕所具有的特征如下：

（1）实时互动性。尽管不同的用户在观看视频时，发送弹幕的时间有可能千差万别，但弹幕内容本身只会出现在其被发送时刻的特定的视频时间点上。因此，相同时间点当中被发送的弹幕，也通常是针对这一时间点的视频内容而进行的相似主题的评论。这会给观看视频、发送弹幕的用户营造出一种与其他用户同时观看、同时评论的"共时性"错觉。弹幕的实时互动性，能够打破时空的限制，激励用户参与其中，便于用户们分享在世界的不同角落、不同时间观看同一视频时所产生的相同或不同的情绪和体验。这种高效率的传递和传达，能够在虚拟场景中营造出热烈的气氛，即虚拟的"部落式观影氛围"，也使得 Bilibili 成为极具活力和创造力的文化分享社区。

（2）高度风格化。Bilibili 弹幕的主流使用人群是 90 后、95 后和 00 后。通过对弹幕语言进行文本研究可以发现，弹幕语言呈现出非常强烈的亚文化风格。这些风格包括：① 多采用各类字母缩写；② 弹幕中常见情绪表达性词汇；③ 常出现一些风格强烈、带有搞笑意味的谐音梗；④ 多采用被叠用或异化的标点符号，通过使用视觉型相似符号来代替语言文字或表情，对互联网交流中非语言符号传递受限的这一缺憾进行补充，可以表达一种特殊的情绪。这些亚文化圈层中的特有符号，被弹幕生产者创造或复制使用，用以彰显自己的个性风格，以及识别同一圈层的个体。这样循环反复的过程，使网站既有的亚文化风格不断得以强化，形成风格特征鲜明的网络社区。

此外，Bilibili 还添加了正式用户的分类，对用户等级进行划分，用户只有通过了 100 道有关社区规范知识的答题后，方能发送弹幕和写评论。这是亚文化排他性特点的一种体现，也是 B 站区别于其他视频网站的最显著的特点之一。这样的高准入门槛，会对外来者构筑起藩篱，能够有效地将 Bilibili 与不属于该亚文化圈的人区隔开来，提升用户的归属感和忠实度，确保该社区的风格化特征得以顺利延续。

当然，对于这种高度风格化的评论语言特征，也有学者提出批判的观点。他们认为，当人们习惯了这种被简化的语言表达后，会导致思维的怠惰和语言的趋于贫乏。"在互联网交流中，因为身体不在场，必须依赖中介，人们发现得用一种烈度更强的字眼才能表达同样意思，所以用语越来越夸张，让我们最终失去细腻的语言。"

（3）社交性。弹幕作为一种内容评论，表达观点是其主要功能，社交是其附属功能。亚文化群体因业缘或趣缘而在网络世界里聚集，成为关系松散的弱联系。正如格兰诺在其著作《弱连接的力量》中所说："社交网络中的社交是一种弱连接，这种连接具有不经常联系、情感不太亲密以及不存在互惠互利的来往的特征"。与熟人关系带来的强社交相比，弱社交远离真实的社会关系，没有苛刻的社交法则，聚集方式更加灵活，可以依照自己的喜好和需要，随时开始或聚合，或者随时终结或解散，交流起来也会更加轻松自在。同样，Bilibili 的用户群也在网站营造的虚拟社交圈中，进行互动联系、信息交流和情感分享，努力发挥自身的主观能动性，创造情感能量与精神愉悦，寻找着情感归属、自我认同和群体认同。

2015 年开始，Bilibili 逐渐完善了关于弹幕的种种规定，禁止使用那些违反法律规定的、带有人身攻击意味的、泄露剧情的、不合乎道德的弹幕评论，同时倡导有爱心、有积极意义的弹幕。这些有关弹幕的规定和规则，实质上是现实生活的社交礼仪、道德规范在线上虚拟环境中的一种延续。正如伯明翰学派所认为的，一种亚文化风格的形成，并非是凭空想象或创造出来的，而是借助已有物品体系和意义系统，通过对这些物品的挪用和对意义的篡改来实现的，成为一种社会符号式的隐喻。网络时代的线上社交，既沿用了现实社交的行动模式，抓取其中的精神内涵，同时也对传统的社交元素和符号进行了挪用、模仿、拼贴和重塑，衍生出独特的亚文化形态表征。

由于弹幕评论会隐去弹幕发送者的用户信息，只对视频发布者可见，具有匿名性特征，有利于保障用户隐私，能够保持在弹幕评论区只侧重于评论内容本身进行交流的纯粹性。但同时，匿名性的特点也一定程度上增加了管理的难度。针对此点，常见的管理方式主要有：一，视频上传者可以在 App 上对其认为的不当言论进行删减，必要时关闭弹幕评论功能；二，视频观看者和评论参与者会通过发送弹幕，自发对评论内容进行维护和管理，如"禁止剧透"等；三，Bilibili 官方平台也会加强对评论的管理和审核。

3. 鬼畜

鬼畜是一种视频网站上常见的原创视频类型，该类视频由重复频率极高的画面和声音组合而成。具体的制作方法是，通过典型的戏仿式挪用，配合特定的 BGM（背景音乐）和节奏，以高度同步和无厘头的快速重复方式将素材进行剪辑和组接，制作成为新的视频。这样的视频能创造出戏谑、搞笑、荒诞或洗脑等一系列的喜剧效果，具有非常鲜明的亚文化特征：戏仿和反讽瓦解了稳定的意义链条，高雅与低俗、严肃与恶搞元素并置在同一作品中，呈现出后现代的审美风格。

从最初日本的 Niconico 弹幕网站，到如今的 Bilibili，鬼畜的发展已有十余年的历史。鬼畜专区的视频素材很多都取材于经典的影视作品，如《三国演义》《武林外传》《家有儿女》《情深深雨蒙蒙》等，也有的取材于相声小品、名人演说、知名广告。例如，小米总裁雷军在小米 2015 年印度发布会现场的一段即兴讲话，就被 Bilibili 视频博主 Mr. Lemon 制作成知名鬼畜作品《Are you OK？》。该视频目前全站播放量超过 3700 万，弹幕 18.2 万条，被 Bilibili 网友亲切地成为"镇站之宝"。

鬼畜视频的创作门槛，相对其他视频而言实际上是更高的。对视频和音乐的剪辑，通常需要视频制作者熟练使用 Adobe Premiere 或 Sony Vegas 等剪辑软件，将原始素材以字或短句为单位进行剪裁，并重新放置在音频中与节奏合拍的位置。一部好的鬼畜作品，在给观看者带来欢乐的同时，也能营造思考和思辨的氛围，创造出积极向上的情绪态度。

4. 其他特色

除了弹幕和鬼畜这两大特色鲜明的致胜法宝之外，Bilibili 还有动漫、游戏、纪录片、互动视频等主打产品。其中，动漫是 Bilibili 的传统产品，从网站创立之初就作为支柱内容而存在，拥有众多忠实度非常高的拥趸，这批用户构成了最早的 Bilibili"原住民"，至今依然是该网站用户的主体构成。他们通常对观看自己喜爱的剧目有很高的付费意愿，愿意为之进行会员充值，付出一定的金钱和时间成本。他们也将观看动漫剧目的行为，称作"追番"或"补番"。

　　游戏是 ACG 爱好人群普遍欢迎且付费意愿较高的一项内容，也是 Bilibili 发展的重心。青少年往往为了追逐流行文化或者保持和群体的一致性而开始玩游戏。游戏中的语言符号化、功能符号化使得青少年形成或融入亚文化群体。游戏玩家为了追求个性化或跟风而进行大量消费，以此获得满足感和认同感。同时，Bilibili 采取以游戏营收为主，直播增值服务收入、广告收入及衍生品收入占据一定比例的多样化的收入结构，游戏内容是其主要的收入支柱和利润来源。

　　自 2019 年开始，Bilibili 推出互动视频栏目，吸引了不少有原创能力的 Up 主去进行该领域内容的创制。互动视频主要可分为叙事型和非叙事型两大类。互动短视频引入人机交互的功能，根据用户不同的选择，会触发不同的人物命运、剧情或结局，打破了传统视频单向观看的桎梏，营造出参与互动的乐趣，有效提升了用户参与度，是一种互动与视频相结合的新型视频形式。但不少互动视频还停留在简单拼凑阶段，问答类视频内容同质化现象严重。因此互动短视频还应提高自身专业化程度，多元化控制方式、控制程度和控制反馈，探索更加成熟的叙事模式。

12.2　网易云音乐

　　网易云音乐是一款隶属于网易集团的移动互联网音乐产品，由网易杭州研究院研发，于 2013 年 4 月正式上线。该产品依托专业歌手、原创音乐人、精选歌单、好友推荐和社交功能，通过高品质、体验良好的音乐分享社区打造，来满足用户个性化的音乐欣赏需求，以及他们凭借音乐实现心情分享的社交需要。在竞争激烈、不断有 App 淘汰出局的互联网音乐产品领域，网易云音乐在诸多老牌音乐客户端前迅速崛起，以其优越的商业思维和独特的产品个性，在市场中始终占据着有力的位置。仔细分析其成功原因，可以总结出以下几点。

1. 打造高质量音乐分享社区，帮助用户建立身份认同

　　21 世纪是互联网的时代，同时也是分享的时代，"分享经济"亦成为"互联网＋"时代新商业浪潮的下一个风口。音乐作为一种非常能够引发人们情感共鸣的载体和媒介，其分享的过程往往负载着分享者个体的独特生命经历和情感体验。网易云音乐作为一个大型的音乐分享社区与平台，能够帮助使用者实现其经历体验在互联网维度上的传播与扩散，以及他们作为社会人在多元文化的时代自我呈现的需要。其具体表现为：使用者通过将自己喜欢的音乐，在站内或站外进行转发分享，并配上一段表达自己独特聆听体验的文字说明，来完成对自我个性的表达，寻找价值归属和情感认同，完成自我的建构。在此过程中，用户可以与其他志趣相投的陌生人产生情感上的联接点，并以该情感联结点核心向外无限扩散，就可以吸引更多的人加入其中。经过一段时间的使用，网易云音乐这一技术平台也会逐渐内化为他们身份认同的一部分。

　　从技术人类学的角度，人类对于技术的选择，更多时候是出于建构自我身份的认同的考虑，而非对于机械效能的追求。人类天然容易对那些能够帮助或已经帮助到自己建立独特身份认同的技术或工具形成依赖。网易云音乐也正是利用了这种用户的普遍心理，借助云计算进行精准推送，为用户提供个性化定制的音乐服务和产品体验，并籍由社交互动的方式，将异质的、分散的网络用户集结成一个网络生态圈，在其中帮助他们建立身份认同，提升使用流量和用户黏性。

2. 通过用户原创内容，营造音乐世界中的情感互动仪式

随着互联网应用的发展，施拉姆的"循环模式"也愈发充分地体现了出来：传者和受者之间的界限趋于模糊，用户在赛博空间里所能发挥的主动性日益显著，他们不再是单一的信息接收者，同时也可以是信息和内容的生产者与传播者。依据 UGC（User Generated Content）模式，网易云音乐鼓励用户以音乐评论、创建歌单、话题讨论、主播电台等方式，进行原创内容的产出和展示。同时它也是国内首个以"歌单"作为核心架构的音乐 App。

按照美国学者詹姆斯·凯瑞的"媒介仪式观"，在对于传播的理解和考察中，比关注信息本身的传递更重要的，是关注传播中符号和意义的共享。美国社会学者兰德尔·柯林斯的"互动仪式链"理论也认为，互动仪式的核心机制就是相互关注和情感连带，人们通过分享彼此关注的焦点，来寻找共同情绪或情感体验，并且实现情感能量的释放。在网易云音乐的平台上，每一首歌中都设有音乐评论区，用户可在其中留言，或者为自己赞同的评论点赞。有调查显示，网易云音乐的大部分用户都曾有过长时间阅读评论区的经历。网易云音乐的评论功能，可以帮助用户在音乐的世界里快速找到知音，共享情感体验，也使单纯的听歌场景得到极大的丰富和延展，让用户感受到因参与互动仪式而带来的情绪的释放、社交的快乐和心灵的满足感。

除却打造评论区的"爆款评论"和高质量互动之外，网易云音乐在每年元旦前后，会根据用户上一年听歌数据的统计与分析，推出每人个性化专属的"年度听歌报告"。这份自带社交属性和话题热度的报告，也为用户参与互动仪式和分享情感提供了便利。听歌报告的内容包括但不限于：年度播放次数最多的歌，年度听到最多的歌词，年度最爱歌手，最喜欢在深夜听的歌曲，年度小众歌曲等。一份听歌报告的实质，也是一份珍贵的年度音乐记忆，它帮助用户从音乐的角度，来回顾与总结上一年中的心情得失。用户也乐意在微信或其他社交平台上对它进行分享，以实现一种自我表达的可能。在彼此之间相互分享的影响下，会有越来越多的旁观者被该仪式所吸引，因而加入到相似内容的分享活动中去。在与其他音乐平台的竞争中，网易云音乐充分抓住了音乐和情感之间的内在关联，制造网民共同的关注点，不断用情感能量来激活互动仪式，从而形成较高的认同度和美誉度。

3. 充分发挥音乐的长尾效应，兼顾不同层次用户的喜好

所谓长尾效应，是指从人们需求的角度来看，集中在热门流行领域的是头部的需求，而分布在腰部和尾部的则是个性化、零散的、小众的需求，它们会在需求曲线上形成一条拖长的"尾巴"。相比于视频平台的会员模式，国内音乐平台的收入来源主要是数字付费专辑、广告、会员、直播、票务、音乐周边等。相较视频领域而言，音乐行业的长尾效应要高出许多：对于头部的音乐人来说，由于其音乐广受听众喜爱、粉丝数量庞大，也许确实可以通过售卖数字专辑来获得一定的收入；而对于知名度一般的腰部及尾部音乐人来说，免费才是传播他们作品的最好方式，他们主要依靠演唱会和音乐周边来进行流量变现。因此，网易云音乐的平台可以说兼顾到了这两类人的生存，也为腰部和尾部的音乐人提供了开放、包容的成长空间，帮助他们在更加长远的维度上实现更好的发展。

针对听众，网易云音乐同样照顾到了他们在"长尾领域"的小众爱好。其基于云端音乐技术，收纳了上百万首 320 kb/s 超品质音乐，其中既涵盖了主流音乐，又将众多高品质的小众音乐纳入进来，能够满足不同层次用户的需求，从而在极大程度上吸引了用户对该产品的使用。在功能的设定上，网易云音乐去粗取精，删除冗余，只留下最能击中用户核心需求的选项。"听歌识曲"帮助用户了解自己新发现的歌曲，"黑胶唱片"为用户打造超品质的听歌体验，"附近的人"帮助用户结识因为地缘和趣缘而产生好感与共鸣的陌生人并成为乐友。此外，借助网易蜂巢云计算技术的精细算法和数据追踪，网易云音乐通过"每日音乐推荐""推荐歌单"以及"私人FM"等功能，依据用户个人品位，为其量身推荐歌曲，为用户带来非常特别的个性化听觉体验。这也实现了超越以往用户单向搜索功能的，平台与用户之间的良性双向互动，十分符合新媒体时代互联网产品创制和营销的题中之义。

一直以来，网易云音乐将其目标用户精准定位为热爱音乐且对音乐有较高要求的高素质人群，主要包括大学生、都市白领、时尚人群、IT精英等。结合用户群的生活方式和习惯，网易云音乐推出适合在地铁、广场、户外、居室、宴会、办公室、书房等不同场景应用的音乐，使音乐场景化，随时随地、最大程度上契合用户的心情和情感需要。此外，网易云音乐还与大学合作，推出"网易云音乐全国校园歌手大赛"，力图在年轻用户的群体中继续深耕，巩固自身特色，实现差异化竞争。

4. 操作界面简洁大方，为用户提供良好舒适的使用体验

在互联网时代，良好的用户体验就是产品的核心竞争力。一款App的使用界面，同时也是连接并引导用户进入使用的第一窗口，其设计考究与否，使用感受舒适与否，非常影响用户的留存与转化。那些因设计不过关、界面混乱不清晰、视觉观感差而"劝退"用户的App也不在少数。网易云音乐App操作界面简单美观，在设计思路上以音乐内容的直观呈现为主调，各种功能选项的排布符合人眼视觉信息接收的喜好与规律，且能避免因太多干扰项的存在而导致用户产生的混乱体验。这种舒适良好的体验感，能够有效延长用户使用网站的时间，提高使用频率，提升用户满意度和持续使用的使用意愿。

以上针对网易云音乐的成功之处，进行了大致的总结，籍此我们不难窥见音乐类App成功的一些共性和规律。尽管如此，网易云音乐依旧存在着其美中不足。虽然借助精准算法，网易云音乐对于曲库的利用率是最高的，但是其曲库版权资源比之同行竞争者仍然有很大的差距。以QQ音乐为例，其依托腾讯的平台优势，先后与近200家唱片公司达成了版权合作战略，拥有3500万首曲目的授权，并且与《我是歌手》《中国好歌曲》等优质节目实现独家版权合作，在曲库数量上拥有着其他音乐类App所不可比拟的优势。现如今，我国的数字音乐市场已然正式进入到正版化时代，2015年7月，我国国家版权局发布了《关于责令网络音乐服务商停止未经授权传播音乐作品的通知》，从法律和制度层面加大了对于网络数字平台上音乐作品的版权监管力度。此举也无形中敦促各大音乐平台加大力度进行正版音乐资源建设。在此背景下，成立时间较晚的网易云音乐，在抢购版权上的确相对落后了。受到版权限制，很多知名歌手的歌曲在网易云音乐上无法收听，这也无可避免地导致了近些年来网易云音乐用户数量的不断流失。例如，那些因为网易云音乐听不了周杰伦的歌而转战QQ音乐的用户着实不在少数。

值得肯定的是，近年来，网易云音乐在版权购买上倾注的努力是有目共睹的。2020年，网易云音乐与吉卜力工作室、滚石唱片、环球音乐、华纳版权、少城时代、CUBE娱乐等达成版权合作，并拿下《朋友请听好》《中国新说唱》《我们的乐队》等音乐综艺节目的音乐版权。但相比于版权占有率80%的QQ音乐来说，网易云音乐的版权之路依然任重而道远。

5. 网易云音乐等数字音乐平台的问题和对策

数字音乐平台自身的资源和流量比较单薄，可以通过建立和头部平台之间的关联，互相借力，互利共赢，实现整体上的壮大。

另外，需要探索符合自身的盈利模式。在我国，目前数字音乐的盈利模式主要有以下几种：付费购买模式，广告创收模式，音乐增值服务模式，在线演出模式以及跨行业衍生产品模式。网易云音乐应当在以上模式中进行更为积极的尝试，探索出一套适合自己的"组合拳"。可依托自身优势并借助算法进行用户划分，将适合不同层次用户的音乐产品及时精准地推送给他们，同时通过免费曲库资源来吸纳流量，创收广告，通过优质、独家的音乐作品和增值服务吸引用户进行数字付费购买，由此打造"梯级收费"，充分满足用户日益分众化、多元化的音乐需求。

最后，亟待建设独家优质音乐资源版权库。这一点也是最重要的一点，未来数字音乐平台的发展必然以版权和曲库作为其核心竞争力。

本 章 习 题

1. 弹幕的起源是什么？其含义和特征分别有哪些？

2. 鬼畜具有的亚文化特征是什么？

3. Bilibili 的用户群体具有哪些特点？

4. 如何理解"长尾效应"？

5. 网易云音乐将目标受众定位为哪些人群？其成功的原因是什么？

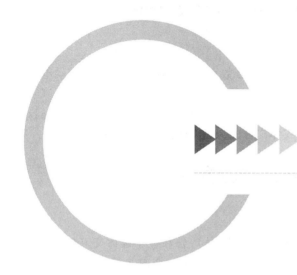

新媒体产业篇

◎ 新媒体广告
◎ 新媒体产业与发展
◎ 新媒体内容生产与管理
◎ 新媒体新闻与舆论
◎ 新媒体法规和版权保护

第十三章　新媒体广告

新媒体广告，顾名思义，就是新媒体上的广告。随着数字技术的发展，因特网、移动电视、移动通信等得以快速发展，信息传播发生了重大改变，广告业运营也呈现出了崭新的面貌。广告主和广告公司对于新媒体广告予以了高度关注、诸多实践，但新媒体广告毕竟是新事物，人们对其认知和实践尚处于摸索阶段，故认真研究新媒体广告成为当前摆在人们面前的重要课题。

13.1　新媒体广告的发展

1. 新媒体广告的发展阶段

新媒体广告的发展，主要分为早期的网络广告、富媒体广告和数字媒体交互广告三个阶段。这三个阶段不完全是顺次衔接、相互取代的，而是在一定时期内并行不悖的。

1) 早期的网络广告

早期的网络广告，是较早出现的新媒体广告形式。它伴随着网络的发生发展而出现在人们的生活中。网络广告即指依托网络技术，通过网络进行传播的广告。这里所指的网络广告，是早期的具有传统意义上的网络广告。现今通过网络传播的广告种类繁多，发展成熟，而早期的网络广告的特点是：广告形态单一、信息承载量小、传播互动性差等。

2) 富媒体广告

随着网络带宽的扩展以及数字技术的发展，富媒体广告形态出现于人们的视野。富媒体广告(Rich Media)，具有整合媒体的特性，集合了视频、音频、动画图像等多种传播介质，符合其名称"富媒体"的特征。这种广告能够实现信息传播的双向性，增强了与用户的交互功能。与早期的网络广告相比，它具有信息量大、主动性强、表现形式丰富、高效传达、检索便捷、数据统计方便等优点，从而受到广告主和广告商的青睐。

3) 交互广告

随着社会的发展，Web2.0 交互应用技术的应用促使交互广告得以快速发展。交互广告主要侧重于广告的交互性。随着技术的发展，广告主体可以在发布广告之后，通过一些数字交互媒介，促使消费者对其宣传的产品、服务或观点进行反馈，从而增加产品销售或增强品牌形象。交互广告具有受众体验度高、互动交流便捷、即时性强、交易支付方便等特点。

2. 我国新媒体广告的发展现状

新媒体广告是以新媒体为平台，以数字传输为基础，可实现信息即时互动的产品和品牌传播行为。新媒体环境下，多种媒介符号可以同时使用，文字、图片、声音、影像、动画等可以在一个平面上通过数字技术呈现出来，大大加强了广告的富媒体性。当下，广告制作手法已经发生了翻天覆地的变化，广告的内容和种类大大增加。目前，在互联网以及手机媒体上的广告包括网络环境广告、搜索引擎广告、网络视频广告等。新媒体广告市场的拓展也为新媒体的发展提供了经济来源。随着技术的进步、网络基础设计的不断完善以及消费市场的成熟，新媒体广告将逐步超越传统媒体广告。

国内外学者对新媒体广告有不同的分类，随着互联网技术的发展，新媒体广告类型本身也在不断创新。根据目前各种类型新媒体广告的影响力，以下对新媒体广告一一介绍。

1）网络环境广告

网络环境广告指以互联网为平台，借助于数字技术，通过图文或多媒体方式发布的广告。这类广告是最接近传统广告发布模式的新媒体广告，可以说只是传统媒体广告在新媒体平台进行发布。因此这类广告在互联网媒体发展初期是占统治地位的广告类型，早期的互联网媒体，如门户网站主要依靠网络环境广告。具体而言，网络环境广告有以下几个特点：

（1）直观性。网络环境广告主要以产品和品牌信息的发布和告知为主要目的。当用户打开网站时，可以直接浏览到发布在网页上的广告，是网络信息环境的一个重要组成部分。从某种意义上说，它和报刊媒体的页面广告、户外媒体的电子屏广告以及电视媒体的插播广告属于同一类型。

（2）信息接受的强迫性。用户打开互联网网页时，大部分都不是出于浏览广告的目的，就像看电视节目一样，然而网页上的广告已和网络其他信息融合，在浏览新闻或其他信息时很难不注意到广告。这种不是出自用户自愿但是仍然发生的行为是一种被动行为，具有强迫性特点。这也是网络环境广告与传统媒体广告相似的一点。

（3）深度互动的前导性。这一点是传统广告无法做到的。当互联网环境广告被用户关注时，用户产生兴趣，并且利用网络的超链接性可以获取进一步关于产品和品牌的信息，并且进行在线的咨询和交流。所以网络环境广告起到一种引导作用。一个产品或品牌通过环境广告抓住用户注意力，好像一本书的前言，引人入胜。

如图 13.1 所示，网络环境广告主要包括旗帜广告、按钮广告、竖边广告、通栏广告、

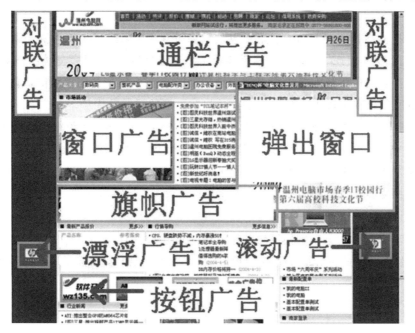

图 13.1　网络环境广告的部分形式

巨幅广告、全屏广告、网页视频广告等。

2）搜索引擎广告

随着 Google 中文、百度、搜狐、新浪、雅虎中文等搜索引擎逐渐成为人们生活中的一部分，通过搜索或网站推广发布的广告信息越来越深入人心。很多人大量使用搜索引擎来选择、识别、抓获信息，搜索引擎的浏览量已超过门户网站。在这种情况下，搜索引擎平台成为新媒体广告关注的重点，因为比起网络环境广告来，这种广告的主动性强、用户细分度高、浏览量和到达率高。

搜索引擎广告包括关键词竞价排名、付费展示、内容相关定位广告等。利用用户搜索关键词而分类出用户所需要的信息类别，从而在页面一侧显示出和关键词相关的企业链接。一般利用纯文本链接的形式，对有效传播广告信息起到很大的作用。在此基础上，搜索引擎提供商开发了关键词竞价排名广告形式，一个核心理念是广告信息与所处场景的内在逻辑性，即当用户搜索某个关键词时，相关的产品和品牌可以被检索出来排在检索结果的前列，当然这些产品和品牌是付出了高昂的费用的。

随着搜索引擎在广告发布业务上的兴盛，广告业界的模糊成为现状，面对行业版图的改变，传统广告业面临了巨大的考验。但目前搜索引擎有能力构建中小企业广告发布平台，对于大客户却只能起到辅助作用，大品牌还是需要坚守传统媒体为传播原点。

3）网络游戏植入广告

网络游戏作为一种娱乐媒体拥有广大的受众。基于其虚拟性、互动性和身份替代性给游戏者带来的愉悦感，大量的用户花费大量的时间与金钱在网络游戏上，形成一个信息传播平台。比如，美国前总统奥巴马在竞选时，充分注意到网络游戏平台拥有大量受众，在NBA 等体育网络游戏加入其竞选口号和内容，引起游戏玩家的重视。再比如，可口可乐公司为了开拓中国市场，与在中国拥有大量用户的魔兽世界合作，将其产品标识植入到游戏内容当中，甚至将其代言人的卡通形象也加入到游戏中，因此当我们在游戏中看到穿着可口可乐红色战袍的 SHE、刘翔以及李宇春时，就能联想到可口可乐。再如，国内盛行的抢车位游戏，在游戏中大量的品牌信息清晰地通过游戏面板呈现在玩家面前，通过新车快报的链接，玩家可以在论坛中了解并讨论各品牌新车型的性能及优势。

此外，中国的广告代理商也积极做起游戏内置广告。例如，在跑跑卡丁车游戏中，一个游戏场景中有很长的跑道，两旁有很多的广告牌，具有很大的广告价值。这样，广告信息在同一场景不断重复，能够很好地加深玩家对产品品牌的印象。当然，所有的内置广告都要在不影响游戏的前提下进行，这有赖于资源、技术、平台的发展。

4）电子触摸屏广告

作为互动多媒体的电子触摸屏较传统媒体更能适应信息互动、实时、全方位传播的要求，具有操作简单、直观性强等优点，并将人机交互变为现实，增强了广告的互动性，如图13.2 所示。

图 13.2　某 LED 广告招商

现在，越来越多的电子触摸屏出现在广告展示会上，带来了很好的广告传播效果。例如，许多房地产公司把楼盘的广告以及具体的价位、户型、地段、绿化、物业等售楼信息展示在一台电子触摸屏上，供购房者随时查询。

5）移动 App 广告

从手机广告的发展历程来看，由于移动互联网在信息传播技术上的进步以及移动终端在信息接收的提速，3G 普及后，手机广告具备了广阔的发展空间。手机无线广告市场进入成长期。3G 时代的手机广告包括短产品推广、优惠促销、活动营销等方式，由于手机以及其他移动终端设备在移动性、交互性、私密性和多媒体等的优势和特色，成为有效集成资讯、娱乐、服务、教育等多项功能的新兴媒体，吸引了大量受众，正日益成为广告商的新宠。

3G 时代的手机广告有几种模式：传统的手机短信广告，是一点对多点的非精准传播，传播内容比较简单、以文字为主，传播效果一般；手机上网广告，如 Wap 上网以及现在的3G 上网，在网页上投放专门适合手机用户的广告；手机和传统媒体的互动营销，利用手机的自媒体性和移动特性，开展商品和服务的营销活动。

3G 时代的手机广告是互联网广告的延伸和创新，其优势在于移动性、分众性和及时互动性。由于手机是随身携带的通讯和媒体工具，广告信息可以随时随地到达用户，大大提高了广告的到达率。由于手机所有人身份的识别性很强，从而为广告信息的个性化发送和精确的受众定位提供可能。由于手机的交互功能，手机广告是互动的信息传播，而不是单向传播。

早期的手机广告主要是短信广告，以文字为主，彩信为辅。信息的容量有限，表现形式单一。短信广告"一对一"传递信息，强制性阅读，时效性强，100%阅读率。在媒介与人接触的有限时间中，能提高人与广告的接触频率。另外传播不受时间和地域的限制，发布费用低廉。

随着移动通信技术的发展和移动互联网的建立，互联网逐步与手机融合，手机上网功能大大加强。手机网络广告随即针对用户的使用习惯做设计。比如 Yahoo 令人耳目一新的 OneSearch 手机搜索模式，即是把网页搜索变为内容搜索，以此放入更多的、切合用户需要的信息，也就是说，对手机用户提供了多种类的，但是每种类少量的内容推送。产品广告是内容推送当中的重要组成部分。从形式上看，手机网络广告与一般的互联网广告区别不大，实际上有着很大的创新，具有更好的互动性和可跟踪性，可以针对分众目标提供特定地理区域的直接的、个性化的广告定向发布。

6）手机互动营销

手机互动营销指利用手机微博和微信等为主要传播平台，直接向分众目标受众定向和精确地传递个性化即时信息，通过与消费者的信息互动达到市场沟通的目标。手机不仅是产品或品牌信息的传播渠道，而是与产品和品牌营销相关的一切互联网应用的传播工具。这里包括手机支付、手机购物、手机订票、手机钱包、手机公关、手机微博、手机搜索等。手机互联形成一个完整的产品、服务和信息流体系，包括每一个参与者和其在其中起到的作用，以及每一个参与者的潜在利益和相应的收益来源和方式。手机营销逐渐走向融合，这主要体现在终端的融合、网络的融合以及业务内容的融合。

5G 是智能媒体互联时代，由于智能手机的全面普及和网络带宽的飞速增长，手机广告的类型拓展为移动 App 广告。App 是英文 Application 的简写，表示手机应用。移动 App 广告又称 In-App 广告，是指以智能手机、iPad 等多媒体终端设备移动通信设备中的第三方应用为基础的智能广告，包括手机应用启动后的启动广告、应用功能页面的插屏广告、锁屏广告、消息公告、积分广告、插播广告、横幅广告、移动短视频广告以及 LBS 广告。

移动应用广告基于移动性和便携性，方便用户信息获取，在广告信息与用户需求精准匹配度以及广告交互性层面显著改善了广告传播效果。例如，近年来的旅游地移动短视频广告，成为助力文旅融合和乡村振兴的良好载体，诸多网红景点，如贵州西江千户苗寨、江西婺源古村等，无不借助抖音等短视频平台，制作移动短视频广告，促进旅游目的地成为网红打卡地。短视频广告可激发受众参与点赞、评论等互动行为，并传递旅游目的地的品牌信息。

7）LBS 广告

大数据时代的算法根据用户位置以及用户挑选和购买行为自动测算，为用户提供购物清单和基于地理位置的精准广告，使得 App 与目标消费者实现更人性化的互动体验。LBS（Local based Service）广告是基于智能通讯硬件设备位置定位服务的广告，能够实现品牌方广告的地理位置精准投放。LBS 广告融合手机硬件以及用户地理位置的实体环境，通过广告信息推送链接商家与消费者。其实现首先是通过移动应用获取移动终端用户的实时位置；二是在位置属性基础上，提供位置附近的相关产品和服务信息。LBS 广告面向受众的实际生活，提供了基于地理位置和场景氛围的地方性生活和社交信息，并同时提供到社交媒体平台分享、发布功能，满足用户的即时需求以及社交需求。例如，美团、大众点评网等基于用户实时位置属性推荐的景点、购物、美食广告，短视频平台的同城推荐功能等。

可以预见，随着物联网、人机互联、延伸现实等新的传播技术的革新，新媒体广告形态将更为丰富和多元。

8）电商直播广告

数字化和智能化的新媒体环境下，传播模式发生了重大改变，传统的 5w 模式由于其线性和缺乏反馈特点，并不完全适用于当下的数字媒体场景。刘笑盈认为网络传播模式除了传播内容、传播受众、传播途径，还应包含传播场景、传受双方情感以及传受双方关系等新传播要素。

互联网内容和形态的现象级产品推陈出新。2017 年短视频大热；2019 年，电商直播迎来全面爆发增长期，淘宝、京东等电商无不开通带货直播功能，抖音等短视频平台亦开始加快电商直播的步伐。2020 年，受新冠疫情的影响，传统实体店将网络视为重要的销售渠道，驻店店员纷纷变为电商主播，快手和抖音的网络红人助力直播带货，涌现了一批电商头部主播，北京、上海、广州等一线城市的带货直播基地初具规模。电商直播用户迅猛增长，至 2020 年 6 月，我国网络直播用户规模达 5.62 亿，较 2020 年 3 月增长 248 万，占网民整体的 59.8％。其中，电商直播用户规模为 3.09 亿，较 2020 年 3 月增长 4430 万，占网民整体的 32.9％。2021 年上半年，中国有 6.38 亿人观看直播。其中，电商直播用户规模为3.84 亿，同比增长 7524 万，占网民整体的 38.0％。

短视频与直播联手，创造了数字经济新业态。2021 年，电商直播继续保持高速度增长，抖音、快手、淘宝直播三分市场。直播不仅成为娱乐方式，而且成为商品广告和商品交易的新场景。

随着抖音、快手、微商、拼多多、淘宝、B 站等不约而同加盟电商直播，各电商平台和内容平台已然将直播带货视为渠道销售的标准设计。大数据发展为直播带货提供技术基础，移动支付技术为在线直播广告转变为实际购买行为提供直接动力，上下游供应链的完善、平台海量流量以及网络宽带速度的提速，直播受众网民规模的上升，催生了直播播带货广告的兴盛。

相较于文字、图像、音频、视频等传统广告文本形态，直播广告优势明显。在线主播面向百万消费者在虚拟云端吆喝带货，介绍商品信息，引导消费。主播直播带货介绍品牌信息和价值，通过优惠价格降低消费者的商品消费决策成本，引导消费者参与团购，促进商品的大型在线销售。直播广告的传播效率较之于传统广告形态，显著提升，一个主播的直播间，观看和购买人次可达上亿次。

电商直播创造了新的销售和消费场景。直播场景直接构成促成购买的理由。主播云端在线销售带货，头部主播与优质产品、直播场景三方强强联合，成为最好的广告。头部主播面对的海量流量不仅仅只是消费者身份，还可能是主播的粉丝。基于主播与粉丝群体的既有关系，借助核心粉丝群体对主播的信任度，商品销售如火如荼。由于平台流量巨大，直播间里，主播通过直播推荐品牌，与消费者即时互动，还能即时辅助售后。直播间主播与消费者实时互动，不仅可完成商品销售，而且类似人际传播的场景也提升了主播与消费者的互信，增加了消费者对产品的信任。

所有品牌都需要展示和秀场，电商直播的虚拟秀场给消费者带来身临其境的消费体验，开创了新媒体广告的新形态。直播广告聚焦"直播"这一场景要素，通过直播间的主播推介、粉丝购物消费的场景氛围，加深与消费者的沟通，强化消费者的购物体验。全网最低价是主播的核心竞争力，也是网络消费者的利益点，直播广告伴随着消费者就餐、休闲等任意时间，打造了基于直播间场景用户社交属性与消费属性，商品交易供应链等多维度的全景式直播广告模式。直播平台创新广告信息、购买行为与传播场景的融合，实现了商品供应方与消费者、广告交易平台、商品交易平台、数据管理平台的无缝连接，电商直播成为经济增长的一个支点。

13.2　新媒体广告的特征与问题

1. 新媒体广告的特征

随着新媒体技术的发展，新媒体广告形态越来越多样，越来越引起人们的关注。新媒体广告有以下几个特点。

1）互动性

和传统媒体广告相比，新媒体广告的互动性是其最基本的特点，也是最重要的特点。新媒体广告的一大优势在于它的"双向传播"，能够实现广告信息的交互性。受众通过新媒体平台接触到广告，可以选择是否阅读这则广告。除此之外，受众还可以对新媒体广告进行反馈，也可以和广告主进行信息交流。广告主可以通过广告了解受众的信息、需求等。

2）跨时空性

发布于报纸、杂志等传统媒体上的广告，往往会受到传播时间和地域的限制，传播范围小，传播效果有限。新媒体广告则不受时空局限，可以实现在全球范围内传播，而且只要具备齐全的上网条件，在任何地方都可以实时在互联网上接收广告。

3）灵活性

发布于报纸、电视等传统媒体的广告一旦投放，不易更改，成本费用较高。但是新媒体广告改变了这一现状，如果在新媒体上投放的广告出现了什么问题，往往可以及时修改更新，具有很好的灵活性。所以，新媒体广告相较于传统媒体广告更灵活，而且在广告内容和形式上可以做到及时更新。

4）多样性

传统媒体的传播方式是信息发布者到受众的单向度线性传播，静态的传播方式使得信息缺乏流动性，受众只能无条件地被动接受，没有信息的反馈。而新媒体广告的传播方式呈现出多样性，包括一对一、一对多、多对一、多对多等传播方式。传播方式的多样化，使传统的信息发布者和受众之间的界限变模糊，两者的身份既可以转换又可以叠加，还可以彼此互动。

5）碎片化

新媒体时代信息本身就呈现"碎片化"特征，这种"碎片化"既有表达方式的碎片化，又有时间被割裂后导致的碎片化，还有因为新信息和旧信息交替换代形成的碎片化。新媒体传播形态的极度细分化和碎片化，加大了媒体传播难度。网络就像一个浩瀚的信息海洋，门户网站、博客、贴吧、微博、微信、手机 App 形形色色的各类新媒体就像一个个信息岛，面对这样庞大的信息处理场，如何精准地对媒体进行把控，如何整合营销自己的产品和服务乃至企业本身，都是企业必须面对的挑战。

6）融合性

尽管新媒体时代是大势所趋，但是新旧媒体还存在着相互依赖关系，新旧媒体仍旧相互依存、互为补充。电视、报纸、杂志、广播这样的传统媒体依然在社会上发挥着巨大的影响力，而这些传统媒体也在进行自我进化。比如，网络电视、电子杂志、电子报就是它们向新媒体进化和渗透的结果。所以从宏观上看，新媒体广告和旧媒体广告仍相互依存，共同存在于人们生活中；从微观上看，这种融合性还体现于新媒体广告集图文音像各媒体于一体的融合特征。

7）软性沟通

软性沟通是新媒体引发的传播沟通方式变革，它不仅表现在企业更加广泛地采取非广告形式。比如，企业在网络传播上直接大面积、频繁地投放硬广告会引起受众反感，吃力不讨好，就可以尝试制造一些热点话题或者设置一个病毒式营销点爆网络，如此一来可能会获得意想不到的传播效果。另一方面，企业的传播方式应该更多地学会"软着陆"，这也是新媒体本身的互动性所要求的，这种"软着陆"方式可以使品牌传播效果最大化，甚至能够实现品牌的网络自传播。

2. 新媒体广告的问题

当前，新媒体广告行业呈现出高速发展的势头，但在这种发展态势中，新媒体广告也仍存在一些问题。

1）同质化严重

新媒体广告最大的特点就是广告信息发送量大。新媒体广告业主为了将广告信息更加丰富立体地呈现在目标受众视野里，通常会不遗余力地通过各种形式进行整合发布，如通过网幅广告、文本链接广告、邮件广告等进行传播，但传播时往往过于侧重形式而忽略内容，注重数量而忽视质量，导致广告缺乏创意，内容单调，同质化严重。

2）可信度较低

现在有些新媒体广告，如网页和手机推送的小广告，制作简单，但是内容比较单调乏味，而有些小游戏广告，内容粗暴，容易引起受众的抵触或反感。受众在打开一些门户网站时，有时候会在网页上发现五六个广告，有些弹窗广告让受众应接不暇。各种广告信息纷繁复杂、五花八门，而在这其中有些不乏虚假广告，久而久之，新媒体广告在受众心目中的可信度降低。

3）个性化较弱

当前社会，受众千差万别，主要表现为差异化、对象化、具性化的特征。年龄、性别、学历、身高、收入都成为一个个体区别于其他个体的差异性特征。每一个个体都依照自身的生命体悟对信息进行适合自身诉求的筛选。在这种情况下，更需要为每一个千差万别的个体提供符合差异化要求的使用价值和接受价值，让受众更好地和商家实现互动、互惠、互利、互赢。

4）效果难测

限于如今技术上的壁垒和短板，对新媒体广告效果的实时汇总分析等涉及第三方监测数据处理问题，目前尚无更好的解决办法，许多新媒体仍然参照传统媒体走"按展示付费"的老路。就企业自身而言，企业对新媒体广告投放机构是否将投入的广告送达到目标消费者、消费者是否看到广告等问题根本无法获得准确答案，而是否提升了品牌知名度、是否促进了产品销售更是无从知晓。

5）技术制约

新媒体广告对媒体的依赖特别明显。比如，如果没有网络基础和一定的数字技术，新媒体广告的制作及传播就会受到影响，所以一定的技术条件对新媒体广告的正常呈现非常重要。这同时也说明新媒体广告的发展受到技术的制约，并且随着技术的发展而不断发展。

6）电商直播广告退货问题

虽然直播广告能直接推动用户消费，但是由于直播广告造成的产品热销的场景氛围会引导消费者的冲动型消费，待消费者心情平复、回归理性后，若发现商品名不符实或夸大宣传，就会选择退货，继而使在线直播带货的退货率上升。

本 章 习 题

1. 新媒体广告的类型有哪些？
2. 什么是电商直播广告？
3. 新媒体广告的特征是什么？

第十四章　新媒体产业与发展

14.1　新媒体产业的内涵与特征

目前，以互联网、手机、数字电视等为代表的新媒体，已经成为当代媒体的重要组成部分，其所占有的传媒产业份额迅速扩大，将其作为载体的各种文化内容也不断涌现，从而刷新、改变着当代文化产业的整体格局。大卫·赫斯蒙德夫在《文化产业》一书中所说："在有关文化产业延续与变迁的任何一本书中，新媒体绝不可能是次要部分。"在这种情况下，新媒体产业势必成为当代文化产业整体中不可忽视的一个重要部分，成为我们不得不予以关注的重要对象。

顾名思义，新媒体产业就是新型媒体相应的产业化。其定义也可以从"新媒体"的概念做出解释。新媒体产业的内涵是指以数字技术、计算机网络技术和移动通信技术等新兴技术为重要依托，以网络媒体、手机媒体、移动电视、楼宇电视等新型媒介为主要载体，通过工业化标准进行物质生产和再生产的部门，以服务并扩大普通民众为主要目的的内容提供产业，同时也发展成为了文化创意产业的重要组成部分。

其概念的外延可以就横向和纵向来划分。

横向来看，根据媒体形态的不同，新媒体产业区别为两个部分。第一部分是以网络媒体产业、手机媒体产业及互动性电视媒体产业为代表的新兴媒体产业；第二部分则是以楼宇电视产业、移动电视产业为代表的新型媒体产业。当然，第一部分的新兴媒体产业能够进一步细分。网络媒体产业包括门户网站产业、搜索引擎产业、网络社区产业等；手机媒体产业可细分为短信产业、彩信产业、彩铃产业、手机出版产业、手机广播产业、手机电视产业等；互动性电视媒体产业又包括数字电视产业和 IPTV 产业。

纵向上，从不同的盈利模式考虑，新媒体产业明显地划分为新媒体广告产业和内容产业。广告业务是当前传媒行业的基础业务，新媒体产业的广告业务与传统传媒的特征相差无几，都是通过向各类大小广告主收取广告费用。新媒体之所以"新"的原因是因为它具有新的媒体形态，具有互动性、个性化等内容特点。新媒体的内容产业盈利模式不同于传统媒体产业，主要是以新媒体为依托，制作、发布优质内容和增值服务，并在此基础上通过向用户征收费用实现收入。其中内容产业占主体，广告产业处于依附地位。随着新媒体产业的不断发展，内容产业的比重还会继续增加。

新媒体产业链中所包括的各类行业和企业的数量巨大，并非单独一个企业能够依靠自身来形成和发展的。海内外众多企业都曾经试图利用自身的发展在全网络上构造整个新媒体平台，希冀把全行业的新媒体利益收入囊中，最后的结果自然是无疾而终。20 世纪 90

年代末期微软的 VENUS 计划便是一个典型的案例。新媒体行业的发展需要联合全行业的企业形成产业链，依靠单个企业的发展并不现实。新媒体的形式特征和其外延的不断扩展，推生了更多的新媒体企业，有利于资源的有效整合，形成成熟的盈利模式，构造新媒体行业独特的价值链条，实现新媒体行业、企业的价值。

文化创意产业的发展离不开新媒体产业的发展，文化创意产业的重要部分必定有新媒体产业的一席之地。与其他行业产业特征相差无几，新媒体产业囊括了所有其他产业的共同要素和优势。利用产业经济学的概念，"产业"在范围上划分为中级经济学中，指具有某些相同特征或共同属性的或生产同一类产品的企业、组织、系统或行业的组合。新媒体产业与其他产业相同，也有一定的经济学特性：

（1）集群性是新媒体的首要特点。一个企业不能被称作产业。按照特定的规则聚集起来的企业和组织，并同处于同一产业链条上相互联系，才被认为是产业。内容的提供商、运营商都是新媒体行业产业链中的企业。通过利用产业链上的联系，集聚大量的、同类型的、有上下游联系的企业，可以降低全行业成本，促成全行业的规模经济的形成，吸引更多的资源进入到新媒体产业。

（2）增值性和循环性。大量同类型的企业聚集在同一产业链条上，将上游的新媒体产业中内容制作方的优质内容和下游新媒体行业中的平台营运、内容传播有效结合，可形成一个商业闭环，构成了完整的产业链条。各产业价值链环节进行物质、信息、资金的转换，实现了内容传播的增值，也推动了内容水平的升级，进一步推动了新媒体产业的发展。

（3）生产性。大多数的内容产品在新媒体行业中是无形的，它通过对思想、文化、意识形态等的整合、加工和重构，衍生出各类无形内容，传递社会的正确价值观，实现内容的增值，为全社会创造价值。

新媒体产业不仅具备了产业的普遍特性，同时也包含了自己的特性，依赖自己的特殊性属性，新媒体产业能够简单区别于物质生产部门。

（1）新媒体产业与传统媒体产业的明显区别之一就是媒介融合性。新媒体产业聚合了全行业的明星企业，迎了媒介融合交互的时代，积极发展时代要求的产品。而新媒体产业的未来发展与产业融合也息息相关。"融合"是新媒体产业与生俱来的特性，也是推动新媒体产业向前发展的中坚力量。

（2）竞争性、变动性是新媒体产业与传统媒体产业及其他行业相比之下的又一特征。可以说竞争性是任何行业的产业形态的特征。在新媒体产业竞争性体现在上下游产业链各类型的新媒体企业之间的不断渗透、整合，进而推动了产业链各环节企业的竞合重组。新媒体产业结构变化较快，随着信息技术创新的推动，新的信息产品和应用层出不穷，产品生命周期较短，产品的被替代性风险加强。这也是其变动性的具体体现。

融合性、竞争性和变动性相得益彰，相互配合，使新媒体产业形成了内在的不稳定性以及与时俱进的变动性。当前来看，变动性还是有良性作用存在的。新媒体行业只有依靠不断优化、调整的市场策略，才能适应整个行业产业结构的变化，进一步符合新媒体产业全行业的市场竞争的需要。

在表现出强烈的融合性、竞争性、变动性以及不稳定性的同时，我国新媒体产业在近期的发展中还表现出以下特征：

（1）移动互联市场呈现爆炸增长，各类 App 产品数量大增。从 2011 年开始，我国移动互联网发展速度惊人，直接表现在用户规模上，PC 端的互联网速度明显慢于移动端的互联网发展。智能手机市场的快速发展带动了移动互联网的发展，而移动互联的进步同时也依赖智能手机上各类应用的出现，满足了大众用户从学习到生活的各类基本需要。智能手机与移动互联网的融合创新是新媒体产业发展的未来，越来越多的企业，正在加大力度投入应用程序的开发和运营商的合作意向的达成，希望成为新媒体行业的引领者。

（2）社交媒体的大繁荣、大发展，进入"交互"大时代。"关系"社交媒体的蓬勃发展成为互联网行业新的增长极，更多的人投入更多的时间成本使用社交媒体。在"交互"时代，普通大众都可以成为新闻的制造者、传播者，也获得了相应权重的话语权，社交网络化也刚好迎合了个人传播的媒体时代。社交网络凭借自身的交互性的特征，实现了很高的自由度，新媒体的快速发展也依赖于此。人们不再仅局限于门户网站的各类信息，而是开始更积极地在社交媒体上发表自己的意见和建议。

（3）发展开放平台，坚持走服务创新的道路。新媒体企业不断顺应网络前沿的发展，在服务创新上全面发力，不仅在新闻传播上，在视频制作等各方面全面发展，努力构建多种类型的服务的便利化平台是新媒体企业希望看到的。厂商将制作出来的丰富的内容投放到平台，实现用户方和平台方的多方利益的分成，平台中的第三方应用能够实现平台内容的多样性，这样不仅利用了其自身的互动性优势，也能很好地促进平台价值的升级，进一步维护良好的用户关系。

14.2　新媒体与社会文化消费

新媒体时代是一个"去中心时代"，在这种传播环境中，没有中心节点，没有核心媒介，也没有自上而下的传播方式。新媒体实际上是一种互动型、参与型、平等的形式，它摆脱了一点对多点的传统传媒形式。这种传播方式带来了价值观的改变，主要体现在人的自由性、特殊性和分众性，强调个性的张扬，观点的冲突，不调和、不妥协，没有权威。新媒体传播时代，信息传播没有永恒的中心，每个个体都可能成为这个时代信息传播的亮点。

新媒体文化的"新兴"关键在于它较之传统文化在传播上更便捷、更交互、更人性化。文化信息在快速便捷的传播过程中，随时夹杂着传播者与受传者的自我意识与个性表达。于是，新媒介文化所营造的自由、平等、个性的文化氛围，打破了文化传播"等级"的限制。

新媒体文化是一种复合文化。新媒体文化的"复合"主要体现在多种文化样式的融合与文化传播功能的多重包容性。新媒体文化样式的多样性发源于其技术的多媒体化。这种多媒体最重要的特征，乃是多媒体在其领域里以其各式各样的面貌，容纳了绝大多数的文化表现。它们的降临形同终结了视听媒介与印刷媒介，通俗文化与精英文化，娱乐与信息，教育与宣传之间的分隔甚至是区别。于是，在复合的新媒体文化下，我们可以通过手机来观看电视节目或是读报，发送信息为自己喜欢的"超女"投票；可以通过网络对某一事件发表个人观点，选举网民自己心中的人大代表，或是通过网络视频点播个人喜欢的文娱节目；还可以在数字电视平台上，选择付费电视节目、参与游戏、点播歌舞等。在多重文化样式交互结合时，所谓的大众与精英、文教与娱乐都被置于一个平等的平台上，激烈的争论背后是相互距离的拉近。

新媒体文化是一种大众化背景下的分众文化。国内部分学者认为新媒体文化是大众文化在新媒体领域内的扩张。也有人从新媒体特性出发提出：它是一种以个人性为指向的分众媒体而非大众媒体，传播模式是窄播而非广播。笔者认为，新媒体文化从传受者的角度出发，更应该归于一种大众化背景下的分众文化。

新媒体文化以不同形式表现出来，以下试举数例。

1. 社交网络：虚拟与现实的交错

社交网站起源于美国，专指旨在帮助人们建立社会性网络的互联网应用。它是以哈佛大学心理学教授斯坦利·米尔格兰姆提出的六度分割理论为依据的。所谓六度分割理论，简单地说就是你和任何一个陌生人之间所间隔的人不会超过六个。也就是说，最多通过六个人就能够认识任何一个陌生人。

社交网站正逐渐成为继博客以后，一种流行的互联网交往方式。中国社交网站的用户已以亿计。与博客以文会友的方式有所不同，它更接近于现实生活中人们的交往。人的一生中会遇到很多人，而在同一时段所接触的人是有限的，对于曾经所认识的朋友没有经常的联系，那么这些人就将成为记忆。而社交网站，恰恰能够弥补这点，但是它是靠一种虚拟的方式，通过一些小型的游戏、文章、照片、视频的互动，利用网络的共时性，给每个社交网的成员造成一种与其他人紧密联系的感觉，而且它不用专注于经营自己的信息记录。在博客中，如果缺少吸引人的信息，在这个圈中就会慢慢沉寂，而社交网站通过更简单的方式使人们保持联系，更加能够对冲当下社会中个体的烦躁与不安。

当然这种虚拟化的生活不可避免地有着其局限性。这种局限性首先表现在其对现实生活动力的削弱上。网络社区的生活归根到底是一种休闲方式，与压力重重的现实生活相比，在这里更容易获得对成功感和关注度的满足，而当过度沉溺于获取这些满足的时候，就可能会削弱人们在现实生活中的动力。人们常常为孩子因沉迷网络游戏荒废学业而痛心，但是青少年这种沉迷的心理状态并不会随着年龄的增长而简单地消失。特别是在当前巨大的社会压力面前，之前的这种心态可能会在某一时间或者某种状态下爆发出来，再次让虚拟的生活成为个人生活的一种基础和依赖。

2. 手机微博

基于手机的微博信息传递，体现了现代交流的快速化和简单化。微博的内容只是由简单的只言片语组成，从这个角度来说，对用户的技术要求门槛更低，而且在语言的编排组织上，也没有博客那么高，只需要反映自己的心情，不需要长篇大论，更新起来也更为方便。和博客比起来，其字数也有所限制。大量的用户可以通过手机、网络等方式即时更新自己的个人信息。微博正成为比博客更加受欢迎的信息记录方式，它承载信息的简单性加之手机网络的便携性，使得人们更容易达成不同地域的共时性。这种共时性，不仅可以使人们在平时能够及时了解他人的情况，在特殊或紧急时刻也能使信息更快地传递开去，后者在政府应对特殊事件时会有更重要的意义。

当然从另一个角度来看，微博的这些特点也是它的局限。随着传播技术的发展，人们的阅读习惯逐渐没落，许多学者对此极为关注。在他们的眼中，这种习惯的没落意味着人类思考的肤浅化，而微博可以说在当下成为这种肤浅化的最大担忧。它一方面改变着人们记录信息、传递信息的习惯，但同时也削弱着人们认识世界的能力。在一定程度上，信息所蕴含的思想是与其体积成正比的，而更重要的是它形成的时间和深度也是与其体积成正比的。学者们所担忧的肤浅化，并不是单单针对字数上的减少，而是由于字数的限制，使得人们不再需要进行长时间和深入的思考。

本 章 习 题

1. 新媒体产业的经济学特征和发展特征有哪些？
2. 新媒体发展如何影响社会文化消费？
3. 举例说明新媒体文化的表现形式。

第十五章　新媒体内容生产与管理

15.1　新媒体内容生产及盈利模式

1. 新媒体的内容生产

新媒体的内容生产和传统媒体有着千丝万缕的联系。由于制度和政策的限制以及新媒体自身内容生产的能力局限，无论是新闻资讯类新媒体还是视听娱乐类新媒体都需要与传统媒体和用户进行合作。关于新闻咨询和社交类媒体用户生成内容前面章节已经做了大量的介绍，本节主要介绍专业融合生产内容的相关情况。

以新媒体的影视产品生产为例。新媒体为电视剧和电视综艺提供了新的播出平台，时下广电集团的许多节目除在电视频道播出外，常在集团网站提供视频节目点播服务，或者是电视节目在频道和集团网站同时播出，同时授权视频网站独家播出。而视频网站的独家播出需要买断网络播出版权，为电视节目的二次创收带来了利润空间。例如，浙江广电集团的明星秀节目《奔跑吧，兄弟》既在电视频道播出，又通过集团网站新蓝网播出，同时授权视频网站播出。其单期节目信息网络传播权一年授权使用费高达 2333.3 万元，产品冠名广告费达到 23 634 万元。

因此新旧媒体的台网联动是媒体行业近年的热门话题。新媒体不仅需要购买传统媒体生产的内容产品，而且制作成本的增加和平台实力的增强也促使传统媒体与网络播出平台携手合作。新媒体进入内容生产领域，从早期的传统媒体内容的运营平台到新媒体深度介入节目制作和运营，新媒体向上游延伸，已然成为打通内容产业链上下游从投资、制作、发行推广所有环节的内容生产和运营平台。

网络剧常常由传统影视制片机构与在线视频网站联合摄制。视频网站采取明星 IP 制造战略，批量生产现象级的类型片。例如，2017 年阿里文娱旗下的视频网站优酷独家播出的类型片《春风十里，不如你》，由优酷作为联合出品方之一，聚集了人气和高流量，提升了网络剧的制作水准，赢得了用户口碑。电视剧与网络剧在未来可能没有区分，因为投资方不限于单一制片机构，播出平台也不限于单一平台，播出方式可以是台网同步播出，也可以先台后网，或者反之。内容生产的资本运作方式和平台也趋于多元。

网络综艺在 2017 年异军突起，传统电视综艺节目，如《极限挑战》等头部综艺内容的影响力依然存在，在线视频网站通过电视综艺的网络播出版权继续吸引流量，同时采用明星策略，开始自制综艺节目。新媒体平台在影视产业制作的话语权逐步增加，成为内容生产的又一个重要来源，产能强大。知名视频网站纷纷加大对网络综艺制作或播出的投资力度。例如，腾讯视频播出音乐节目《明日之子》以及脱口秀节目《脱口秀大会》，优酷出品由知名主持人主持的《一千零一夜》以及《圆桌派》，爱奇艺出品并播出《奇葩说》。各类综艺以知名人物为中心，生产了具有强烈个人风格的内容。

网络综艺投资成本的加大，吸引了专业电视制作团队的加盟以及一线电视主持人、明星的加入，制作规格和水准大大提升。2017 年暑期热播的，由爱奇艺制作并播出的音乐选秀节目《中国有嘻哈》，其制片人是电视节目《中国好声音》的总制片人和《蒙面唱将》的总导演。《约吧！大明星》的制片人曾制作过电视热播综艺《爸爸去哪儿》。优酷与银河酷娱出品、快乐全球传媒联合出品的《火星情报局》制作班底成员部分来自电视综艺《天天向上》制作班底。

网络综艺制片方投资过亿拍一部综艺节目并不罕见。网络综艺从 2007 年起步，起始阶段制作数量和质量远不敌电视综艺，到如今反转电视综艺市场，不过十多年的历史。网络综艺涌现出一批王牌节目。一些类型的综艺，在电视平台播出反响平平，在网络平台上却热度不减，如脱口秀节目《脱口秀大会》。其一部分原因在于网络综艺的定位群体以年轻网民为主体，携带了网络媒体的天然基因，而脱口秀节目的话语表达也更为直接和犀利，符合年轻网民的口味。

2. 新媒体的盈利模式

新媒体的盈利方式较为多元。其不但与传统媒体合作，通过制作和播出内容产生盈利外，还采取视频付费制度，提供付费收看产品。年轻用户是视频付费的主体，90 后到 00 后的群体对于付费观看的方式较为接受。因此区别免费用户与付费用户，为付费用户提供更多更优质内容，扩大付费用户规模是当前新媒体运营的主要手段之一。用户付费盈利模式不局限于网络视听市场，网络游戏企业的盈利来源之一是网络玩家充值，以法定货币购买游戏虚拟货币、增加玩家竞技能力的虚拟道具或增值服务。

广告也是新媒体盈利来源之一。随着新媒体形式的创新，新媒体广告投放渠道也得以扩展，如社交媒体、微视频、网络视听节目、网络直播平台等。通过在网络剧和网络综艺中深度植入广告，或是通过精准的广告推送、个性化营销以及平台推广，新媒体的广告市场份额逐渐扩大。例如，在安徽卫视、江苏卫视和优酷播出的《军师联盟》，优酷在播出该节目时采取了冠名及赞助、前贴广告、创意中插、压屏条、弹幕广告、前情提要、精彩预告等 7 类大剧营销广告形式使广告收入节节攀升。网络制作节目的播出形式创新，直播曾经是电视吸引观众的有效策略，而网络直播平台的崛起为网络综艺节目提供了直播的平台，如斗鱼直播播出《饭局的诱惑》，综艺节目与用户即时互动的优势更加明显，用户参与度和用户体验不断改善，从而加强了广告的传播效果。

基于优质内容的衍生品发掘是新媒体又一个利润来源。新媒体的运作通常建立在前期吸引大量用户的基础之上，对于用户消费习惯和内容偏好有着大数据的天然优势。可利用这个优势，基于用户分析，生成用户画像，采取差异化行销战略，对特定群体有针对性地投资和制作视频内容，满足不同群体的需求。例如，优酷的综艺布局就是以女性和年轻人群体为主要定位人群。同时，网络零售业以及电子商务平台的成熟也为新媒体内容的衍生品的售卖提供了商业基础。因此，新媒体通常采取联动运营模式，大力开发成熟 IP 的价值，进行 IP 预售的衍生品生产。例如，根据热门网络文学作品投资制作的网络电影《三生三世十里桃花》就是由优酷与阿里影业、授权宝等板块联动运营，其衍生品收入达 3 亿之多。

15.2　新媒体运营风险

就一种新产品或新工具的创新扩散过程而言，报纸扩散的时间比广播长，广播扩散的时间比电视长，而微博扩散时间不过 3 年，微信扩散时间不过 1 年，基本实现了用户普及。新媒体产品创新扩散速度加快的另一面是新媒体产品衰落速度的加快，或者说产品升级换代、推陈出新的速度大大提高。在互联网产品创新过程中，短信、彩信、手机报、博客等一时被认可和看好的产品不过数年间就被新的产品，如微博、微信、各类新闻 App 所取代。这也是技术革命带来的必然结果。

新媒体运营存在较大的投资风险。技术创新需要巨额投入。例如，时下热门的网络综艺和网络剧，其拍摄、取景、参演阵容等制作要素强调电影级别的水准，这意味着高额的投资成本。然而，技术创新的产品需要一定的开发周期，盈利的实现也需要时间，前期投入的成本需要一定的市场运营周期才能收回，但是产品推陈出新的速度可能远远超出产品成本回收的速度。新媒体产品市场周期较传统媒体产品大大缩短。现在流行的社交媒体其未来也不一定能持续存在。

同时，由于新媒体产品普及速度大大加快，对网络服务提供商的运营提出了更大挑战。这一压力在相关企业里，最常见的表现就是时下国内绝大部分互联网企业的程序员工作压力陡增，加班加点成为家常便饭。例如，网易为与腾讯抢占手机用户，竞争手机游戏市场，《终结者 2》开发团队短期工作强度不得不大大增加。而这类网络游戏的热度持续时间也不能像经典电脑游戏如《传奇》《魔兽世界》一样，长期保持在一个稳定水平。

新媒体的出现是基于其分众以及对用户个性需求的满足，也曾经被认为可以带来长尾效应，但无论是 IP 热的现象还是知识付费市场或是网络视听产品市场，无一不证明头部内容和明星战略的号召力。新媒体产品不但没有实现长尾效应，而且带来了更大的马太效应。热门的内容和产品更热门，而不受市场追逐的产品更加没有市场。

15.3　新媒体运营案例

在当今移动互联网迅猛发展和媒介融合势不可挡的情形之下，新闻生产方式和整个新闻传播行业的格局生态也发生着巨大的变化。以国内主流媒体和重要官方机构为例，其中目光敏锐、动作迅速者，早在微博和微信公众号浪潮兴起之初，便开通了属于自己的官方微博和微信公众号，并以此为阵地有条不紊地展开传播工作，充分利用新媒体的交互性优势，借助平台与受众进行良好的沟通。目前，大部分主流媒体和官方机构，均已开通官方微博、微信公众号和抖音账号，其中一部分还开发了手机客户端应用，完成了"两微一端加一抖"的布局。采用"新媒体＋"的方式进行融合已成主流。

1. 国家博物馆官方微博

中国国家博物馆，简称国博，位于北京市东城区，代表了我国文化陈列、展示、阐释、研究的最高水准。其官方认证的微博账号"国家博物馆"于 2010 年上线，这也是我国最早开通微博的文化传播机构之一。2012 年，它被评为"十大最具影响力的政务微博"。截止到 2021 年 12 月，国家博物馆官方微博已然是一个拥有 508 万粉丝和发布了近两万条微博的社交媒体大 V 博主了。

国家博物馆官微的内容，若按照常用标签来进行分类，可分为"国博展讯""遇见国博""约会博物馆""来国博看中国""国博文物活起来""岁时记""文物苏醒记""寻红色文物悟中国精神"等，形成了涵盖展讯通知、馆藏展示、馆内四时风景分享等内容在内的丰富呈现，很好地将博物馆宣传推广与节气、节日、庆典、纪念日、热点新闻事件相结合，收获了不错的传播效果。又如官博开设的"早安"栏目，在每天早晨以藏品的口吻来问候公众，并且有时还会在文字叙述中铺设一定的悬念，吸引网友进行关注和互动。国博还坚持"以人为本"的原则，在确保发布信息的权威性和真实有效性的同时，也十分注重与粉丝的互动，旨在打造一种平等交流的社交氛围。除此之外，国博还十分重视与国内其他博物馆、艺术院校、传统媒体之间的联动，还会在重要展出之时，策划开展微博活动，如在平台上开展随机转发抽奖、答题赢门票、投稿转发赢得纪念品等，活动形式丰富且接地气，收获了众多网友的支持和参与。其近两万条的微博中，有常见的文字式、图文搭配式，也有 500 条左右的视频内容。这也体现了国博官方微博坚持与时俱进，在由图文结合向短视频化方向发展的新媒体变迁浪潮中，跟上了每一次变化的脚步。

2. 新华社官方微信公众号

新华社，全称新华通讯社，是中国共产党领导下成立最早的新闻机构。在新媒体时代，新华社与时俱进，全面推进转型战略，加快由传统新闻产品生产为主，向多媒体信息业态拓展转型，并已初步建成融通讯社业务、报刊业务、新媒体业务、多媒体数据库业务等多种业务为一体的全媒体信息平台，具有不断提升的国际传播能力和与日俱增的国际传媒领域影响力。以其微信公众号的运营为例，在当前一众主流媒体着力打造的官方微信公众号当中，新华社是成绩非常显著的一员。它自创建起就创造出多篇阅读量、点赞量双 10 万＋的爆款文章，如今是一个已拥有数千万粉丝的运营成熟的新媒体平台。网友也赞誉其为风格稳中带皮、亦庄亦谐、硬核又吸睛的优质政务类微信公众号。

仔细分析其成功原因，可以总结出以下几点。

（1）依托新华社的支持。新华社作为我国最有历史积淀的主流媒体之一，本身就具有非常强大的信息资源优势。全国各地优秀的一线记者的供稿，为官方微信号的创作提供了权威而丰富的一手新闻素材。

（2）主创团队年轻化。新华社的微信公众号，是一个以 80 后、90 后为主要力量构成的团队。他们年轻而有朝气，为公众号内容的创作形式赋予了图文并茂的、接地气的、生动活泼的、令人耳目一新的生机与活力。

（3）文字口语化，表述人格化。主创团队并不简单照搬新闻通稿中的内容，而是对其进行改写和加工，化繁为简，准确地把握住网友的情绪和需求，使所报道的新闻事实能够以更适合微信平台传播的方式呈现出来。以标题为例，其公众号推文标题常用"刚刚，……"这一措辞，不仅营造出现场感，同时也十分贴近人们在日常生活中聊天时的语气，使表述显得亲切，能够迅速拉近与受众的心理距离，增强读者在阅读时的代入感。

（4）注重评论区的维护与互动。评论区对于微信公众号文章而言，是除却文章本身内容之外的另一个最主要的"吸睛"阵地，对于用户的留存与转化起着至关重要的作用。新华社微信公众号中的许多"爆款"文章，其评论区大都有精彩的读者留言以及幽默风趣的编辑回复。这样的互动，能够延长读者的阅读停留时间，同时增加阅读量和转发率。

15.4　新媒体的管理

对新媒体的管理可以通过法律、政策、约定、行业自律、道德、习惯、风俗等手段来实现。

1. 新媒体的法律和政策约束

法律和政策约束是实现新媒体管理的有效手段。很明显，无论是法律或是政策都不能解决所有新媒体发展带来的问题。法律法规主要通过对新媒体运营的调节来实现对其的管控。政府机构对于新媒体的管制首先是政策引导，目的是规范行业发展，促进行业进步。具体而言，可通过立法或出台相关法规条例或是具体的有针对性的指导政策，或是通过技术层面对内容或信号的过滤、屏蔽实现对新媒体的监管，或是倡导行业自律，或是通过社会大众和舆论监督实现对新媒体的控制。

政府立法对新媒体业的监管一般有以下几个方面。首先是事前限制，包括许可证制度和内容审查制度，用以规范新媒体传播内容和传播平台。其次是事中抽检和事后监管。如果在对已经传播的内容和渠道进行审查的过程中，发现违反法律法规或侵犯用户权益的内容，可对网络经营单位进行惩罚。如果缺乏有针对性的法律法规，新媒体的规范发展就会失去基础。新媒体是信息供给产业，与信息和知识紧密关联的版权保护及业务纠纷越来越引起社会各界的关注。

2004 年，信息产业部出台《关于规范短信服务有关问题的通知》，2006 年 7 月《信息网络传播权保护条例》开始实施。2008 年《电子出版物出版管理规定》出台；2016 年《互联网信息服务管理办法》《互联网文化管理暂行规定》《网络游戏管理暂行办法》发布；2017 年上半年，国家互联网信息办公室出台《互联网新闻信息服务许可管理实施细则》。

对公共利益的保护也是政府政策出台的必然取向。对网络游戏的监管，同样是通过实施政府管制、游戏行业自律、社会监督、技术限制等手段实现的，这样才可以保护用户的利益和社会公共利益。网络游戏与网络成瘾、网络依赖症紧密相关，为此，2016 年文化部出台《关于规范网络游戏运营加强事中事后监管工作的通知》，明确了网络游戏的运营范围，解释了经营单位之间的联合运营行为。该通知指出网络游戏运营是网络游戏运营企业以开放网络游戏用户注册或者提供网络游戏下载等方式向公众提供网络游戏产品和服务，并通过向网络游戏用户收费或者以电子商务、广告、赞助等方式获取利益的行为。为保护游戏消费者的权益，包括保护玩家个人隐私以及保障玩家权益，该通知规定：对经审核的真实的实名注册用户，在其作为玩家的合法权益受到挑战时，网络游戏经营单位负有向其依法举证的责任。该通知还规定，网络游戏运营机构应采取有效措施保护用户个人信息，防止用户个人信息泄露、损毁，未经授权不得将用户信息以任何方式向第三方企业或者个人提供。此外，还应加强对网络游戏运营的事中和事后监管的力度，建立违法违规网络游戏的警示名单，加强对网络游戏经营单位和相关责任人的信用约束。

新媒体的飞速发展领先于具体指导政策的出台。不少政策的出台是为了指导和规范新媒体发展过程中的乱象。例如，电视剧常在电视台黄金时间段播出，电视台在播出时可能根据情况对其进行剪辑、删节，而视频网站则常通过播出完整的内容来吸引用户。综艺节目在电视平台的播出，也会受到综艺节目播出时长的限制。2017 年 6 月，广电总局出台《关于进一步加强网络视听节目创作播出管理的通知》中，针对网络与电视平台作为传播渠道，同一传播内容而播出版本不同的现状，界定了网络视听节目的审查标准，要求网络平台不得传播电视综艺或电视剧的完整版、未删减版；要求未通过审查的电视剧、电影，不得作为网络剧、网络电影上网播出；电视不能播出的内容，网络同样不得播出。其实际是实现对网络平台和电视平台内容的统一标准的统一监管。

我国政府始终关注新媒体市场的不同发展阶段，并积极出台指导性的政策。例如，网络直播平台走红后，依据早期出台的《互联网文化管理暂行规定》，由文化和旅游部对全国网络表演市场进行监督管理，组织对网络表演经营单位的随机抽检和信用监管，根据查处情况实施警示名单和黑名单等信用管理制度，并及时公布查处结果，主动接受社会监督。对于从事网络表演的运营机构，实施市场准入审查，要求经营网络表演经营活动须获得许可证，按许可证范围从事经营活动，要求网络直播平台应当向省级文化行政部门申请并取得有编号的《网络文化经营许可证》。

2018 年以来，对网络直播平台的监管，其中一个重要的问题就是对网络信息内容和信息产品内容的监管，因此政府机构要求表演信息内容标注经营机构标识。对于网络直播的监管，强化了经营单位内部的自律和监管制度，不仅要求相关经营单位建立巡查制度，实时监控，而且要求对表演视频信息产品进行记录并保存，保存期限不得少于 60 天。对于用户供给的非实时的视频信息产品，严格审核。网络表演经营单位应当建立突发事件应急处置机制。发现违规内容，立即停止播出，并报告本单位注册地或者实际经营地省级文化行政部门或文化市场综合执法机构。网络直播平台应定期报送自审信息。网络平台直播，如网络游戏技法介绍的相关网络游戏，必须是取得相关机构内容审查备案编号或批准文号的网络游戏，网络表演拍摄方式正当，不应侵犯他人合法权益，表演内容应向上向真，不得有恐怖、暴力、低俗内容。

近年来，党和政府明确"发展壮大网上舆论阵地，遵循网络传播规律，强化互联网思维，加快网络媒体发展""规范传播秩序，建设视听新媒体集成播控平台，完善互联网法律法规"等思路。2019 年 9 月我国发布了《关于进一步强化互联网电视集成平台管理和规范传播秩序的通知》，对非法应用软件和终端产品进行清查，加强平台管理，规范市场传播秩序，严防非法有害不良内容。2020 年印发的《关于加快推进媒体深度融合发展的指导意见》，进一步要求"主力军要做大做强网络平台，占领新兴传播阵地"。

2. 新媒体的行业自律和网民监督

在法律和政策约束以外，主张加强媒体自律，通过倡导行业自律规范媒体从业人员的个人行为，加大对新闻传播主体进行业务培训，提高新闻传播主体的综合素质，打造一支道德水平高、学术素养高的专业队伍；主张增强监督意识，使道德教育与社会监督密切配合，在全社会范围内构建监督机制，并让人民群众参与到监督中来，使新媒体从业人员发挥监督作用，在出现失范行为时立刻对其进行纠正和改进。

2017 年，经国家广电总局批准，中国网络视听节目服务协会互联网电视工作委员会（以下简称工作委员会）正式成立。次年《中国互联网电视集成服务机构自律公约》公布，进一步明确了其机构职能。工作委员会 2018 年发布《互联网电视数据通用术语与统计指标规范(草案)》《互联网电视应用软件技术白皮书(草案)》等五个规范标准,规范互联网电视集成服务平台的各项能力建设要求,明确数据的处理过程规范和定义,细化各类互联网电视应用软件的安全要求、功能要求、审核要求,规范应用的引入、审核、下线等管理,用户与账号管理、运营管理、白名单管理等管理流程,结合市场发展的实际情况,管控更具有针对性。2019 年,与有关广电研究机构共同推出互联网电视 ID 管理平台和互联网电视应用白名单管理平台,加强技术支撑和引领规范。除了依据法律法规之外,还要求网络直播平台对内容自审自查,在播出前进行内容审核管理,配备审核人员,实施技术监控,建立健全内容审核管理制度。不符合内容自查和审查的网络表演产品,不能传播。

此外是对网络表演人员的管理,要求表演人员实名制,并要求表演机构核实其身份,并保护其身份信息,要求表演者承诺遵守法律法规和相关管理规定,对境外或国外表演人员和表演机构的限制,必须提前经过文化和旅游部核准。同时,信息内容监管涉及到对未成年人的保护,要求直播内容有益于未成年人身心健康,不得侵犯未成年人权益。网络表演经营机构应当完善和保护用户信息,加强对用户的监管约束,发现用户发布违法信息的,应当立即停止为其提供服务,保存有关记录并向有关部门报告。此外,监管策略上充分重视网民和社会监督,要求网络表演运营机构主动接受监督,设置人员负责举报受理,在网站首页等显著位置,设立"12318"全国文化市场举报平台的超链接。

本 章 习 题

1.试述新媒体的盈利模式。
2.简述新媒体运营存在的风险。
3.简述如何实现对新媒体的有效管理。

新媒体新闻与舆论

新闻是报纸、电台、电视台、互联网等媒体经常使用的记录与传播信息的一种文体，是记录社会、传播信息、反映时代的一种文体。新闻，是用概括的叙述方式，以较简明扼要的符号，迅速及时地报道附近新近发生的、有价值的事件，使一定人群及时了解这些事件。随着新媒体的出现与发展，新媒体新闻也进入人们的视线，并呈现出自己的特点与问题。新媒体新闻，目前尚未有专门的概念，顾名思义，我们将其理解为发布在新媒体上的新闻。

新媒体舆论，从广义上看，是指在新媒体平台上传播的舆论；从狭义上看，是指网络舆论，即社会公众以网络为传播平台，对其所关注的某一现实问题所发表的一致性意见。

面对新媒体新闻、舆论中的问题，如何优化新媒体传播，做好新闻传播，引导社会舆论，是摆在我们面前的崭新课题。

16.1　新媒体新闻

随着网络、手机等新媒体的发展，人类进入了信息传播的新时代，社会对新闻信息的需求剧增，新媒体新闻呈现出了和传统媒体新闻不一样的面貌。

1. 新媒体新闻的特点

1) 多媒体性

传统媒体主要是进行文字、图片等方面的传播，而新媒体是进行文字、图片、声音、图像等方面的传播，而且打破了媒体与媒体之间的壁垒，消除了图文音像各种传播符号的界限，使新闻的表现形式趋于多样化。随着新媒体融合技术的发展，新媒体新闻的传播手段更加多样，多媒体的属性更加明显，更能让受众享受视听的饕餮盛宴。

2) 互动性

报纸、广播、电视等传统媒体往往是单向传播，将新闻信息硬"推"给受众，而在新媒体上，受众却可以按自己的意愿进行选择，观看所需的新闻信息。这种新媒体新闻的传播方式彻底改变了传受双方的关系，更加注重与受众的互动性，使受众可以通过一定的方式寻找自己感兴趣的新闻内容。

3) 海量性

手机、网络等新媒体信息量大，内容具有海量性。互联网将全世界的计算机连为一体，构建了一个巨大无比的在线数据库。人们通过网络几乎可以了解到全世界的新闻信息。另外，新媒体的互动性，为受众提供了许多发布新闻信息的机会。在新媒体信息传播中，传播主体多元化，"人人皆为信息源"，如此新媒体构建起了社会化新闻信息的交流平台，来自多元主体的信息如江河入海，海量无限，生生不息。

4）开放性

新媒体的出现为人类的信息传播带来了划时代的革命。人们可以通过新媒体跨越族群、地域、文化背景以及时空的限制，进行新闻信息的自由传播和交流。无论是聊天通话、视频播放，还是文字谈话、群体讨论等方式，都可以通过新媒体来实现。而新媒体不受时空限制的特征，可使其实现新闻信息的 24 小时发布，这也让新闻传播更加具有时效性，并实现了社会公众开放式的参与。

5）个性化

随着新媒体技术的发展，其传播内容越来越个性化，大众媒体也正由"一对多"模式向"多对多"模式和"一对一"的模式发展。现今的新媒体可以实现向特定的某个人推送新闻信息，这意味着在新媒体平台，用户正在逐渐掌握主导权。他们不仅能自主地发送信息，还可以根据自己的个性化选择来获取新闻资讯。

6）快捷性

快捷性指新媒体的新闻传播具有快速及时、同步传播的特点。技术的进步，使新媒体信息可以瞬间到达世界任何角落。而且，新媒体新闻在操作上没有传统媒体的截稿时限，新闻稿件的发送具有即时性，24 小时"全天候"发布。受众只要联网就可在新媒体平台上接收新闻，第一时间同步知晓所发生的一切新闻事件。

7）超文本

随着数字技术在新闻媒体的渗入，区别于传统上按照线性方式编排的新闻文本，以非线性"超文本"形态呈现的新闻文本越来越流行和普及。这种超文本性，使新媒体新闻的检索系统变得异常强大。用户可以根据不同查询条件进行检索，而且可以通过超链接功能，浏览融合文字、图片、图表、音频、视频、动画等多种形态为同一文本的新闻。

2. 新媒体新闻的问题

在全新的新媒体时代，新媒体新闻正在深刻影响着社会和人们。除了具备以上一些特点，它还存在一些问题。

1）不良信息泛滥

新媒体新闻的全新传播模式带来的一个较大的问题就是不良信息在新媒体上的泛滥。由于新闻传播主体的演变、把关力量的薄弱等原因，大量不良信息正充斥着新媒体平台，主要包括垃圾邮件、失实信息、过时信息、有害信息等。据调查统计，我国网民每年接收的电子邮件约为 500 亿条，其中垃圾邮件竟达 300 亿条，占总量的 60%。尤其是垃圾邮件散播的各种虚假信息或有害信息对电信安全、用户的利益都造成了巨大影响，对人们尤其是青少年身心健康造成了严重的伤害。

2）侵权现象猖獗

近年来，在新媒体平台，侵权盗版现象十分严重，主要表现在一些网站未经授权或未支付费用就转载其他媒体的新闻报道。网络博客等新媒体平台也成为网络侵权的重灾区，一些不良媒体未经同意，擅自使用他人的文字、图片，殊不知社会公民在博客上发表的个人文字、拍摄的照片等都拥有知识产权，应当受到法律的保护。以赢利为目的的网站，如果未经作者本人授权，擅自使用其照片、文字，属于知识侵权行为。

3）信息筛选困难

在传统媒体时代，只有新闻机构才能发布新闻信息。而如今，新媒体信息发布门槛降低，任何人都可以成为发布者，信息源呈现多元化特点，同时也带来了一些问题，比如每个人文化程度不同，认知不同，站在不同的立场发布的信息良莠不齐、真假难辨，这使得人们对新媒体信息的鉴别难度增大。如何甄别虚假信息，处理不利信息变得非常棘手。

4）接受形式受限

哈特将媒介系统分为三类，分别为示现的媒介系统、再现的媒介系统和机器媒介系统。由人们个体自身能够完成传播功能的媒介系统称为示现的媒介系统，信息的生产、传递以及接受能够由人本身来执行完成，如广泛使用的口头语言。信息的传播方和传递方需要借助物质工具或机器，信息的接受方能够借助自身完成信息接受的系统称为再现的媒介系统，如绘画、摄影等。如果信息的生产、传递以及接受过程均需要借助物质工具和机器，传受双方离开物质工具和机器则不能完成信息的流通，这类媒介系统即为机器媒介系统。显而易见，作为信息媒介进化以及社会发展的产物，作为工具和技术手段的新媒体传播媒介，其无论在信息的生产、传递、流通以及接受等各个层面，都必须借助机器系统。新媒体的新闻传播虽然具有许多优势，但是，它有一个很大的弱点，那就是人们必须借助新媒体才能实现阅读。所以，并不是任何人都能够拥有新媒体接收技术或者适合进行新媒体信息接收，往往老人和小孩会受到限制，这就影响了新闻传播对象的广泛性和普及性。另外，随着新媒体技术的不断更新发展，社会公众的技术素养将面临挑战。

16.2　新媒体舆论

新媒体舆论作为社会舆论的主要形态，在政治、经济、文化等领域都发挥着举足轻重的作用。新媒体所具有的开放、互动、个性、快捷等特性，使新媒体舆论呈现出迥异于传统舆论的一些特征与问题。

1. 舆论与新媒体舆论

《说文解字》中，舆的注解为"舆，车舆也。从车，舁声。"意思是说，"舆"本义为车厢。其字形使用"车"为偏旁，"舁"为声旁。"舆"有"众"之意，如"舆情不洽""舆人之论"。"论，议也"，"论"在古文中的含义是"议"，表示"言论""意见""观点"等。"舆论"一词，简而言之，即众人之意，也即公众的意见或众人的意见。

"舆论"的英译文为"Public Opinion"，"Public"有公众、公开、公共的意思，"Opinion"有意见、态度、见解之意。"Public Opinion"，国内一般翻译为"公众意见""公众舆论"。他人关于自身、关于别人或他们的需求、意图和人际关系的心里所想之图像，即为他们的舆论；对人类群体或以群体名义行事的个人产生着影响的图像，即为大众舆论。舆论会引发个体行为反应，个体行为依据的不是确切的知识，而是他自己制作的或别人传递给他的图像。"沉默的螺旋"理论指出，大众传播媒介在形成意见气候和形成主流舆论中发挥着重要作用。对于个体无法直接认知和接触，形成个体经验和判断的社会议题，电子传播媒介通过信息传递的一致性、累积性以及普遍性三种机制，发挥着尤其强大的影响力。按照"沉默的螺旋"理论，在舆论传播过程中，优势意见得以公开表达，吸引意见一致公众的积极参与，这种意见便占据主导地位，而迫于群体压力，占据劣势地位的意见得以公开和广泛传播的机会减少，二者呈螺旋结构，构成舆论发展的表象一致。在新媒体环境中，由于网络的便捷性，群体意见中的某一类一旦以主流"民意"的面貌出现，更容易对不同意见形成压力，与主流意见不同的人们更容易感受到否定、忽视和排斥，趋于沉默，使得群体意见和群体情感朝向某一方向移动，产生群体极化和群体迷思现象。

首先，舆论是有力量的，能够产生巨大的社会影响力。舆论作为社会意见的集合体，既有促进共同意见达成的一面，也有解构和分化社会意识的一面，对任何社会都是一把"双刃剑"。舆论力量作为非物质力量客观存在，其构成包括内容表达、叠加传播、人的精神影响和社会关系变化。舆论力量可以体现为话语力、媒介力、道义力和信任力四个部分。在网络媒体越来越发达的时代，公众的话语权实现了空前的普及，一些事件一旦上网曝光，网络就成为事件发展的重要推手和社会舆情的重要集散地。尤其在以微博、微信等为代表的自媒体无孔不入的当下，便捷的信息获取手段，给公众提供了一个更加公平、开放的平台。从舆情生成的过程来看，在事件发生的最初几小时之内，意见的呈现是多元的、弱小的，还没有形成统一的或有意见领袖的民间舆论。但是，经过几小时的发酵之后，舆论导向或意见领袖一旦占据主导性优势，就能很容易影响公众的意见走向。例如，在"余欢案"被媒体报道的当晚，济南市公安局官方微博发布的不当言论引发了众多网友的抨击，但是，随即包括最高检、山东高院、山东公安厅、聊城市等在内的官方相继发布了正面回应，各大主流媒体也对此事进行了多角度的分析和跟进报道。一周之后，整个网络从分歧对抗到达成共识，从"情"的感性回归"法"的理性，这既是信息公开与舆情引导的结果，也是中国法治建设、危机应对、网民素养逐渐走向成熟的标志。

其次，舆论是聚集的，作为大众的或大家的意见，有基本的构成结构。舆论结构包括舆论主体、舆论客体以及舆论本体。其一，舆论主体是社会公众。社会公众就社会现象、社会问题、社会事实发表看法，自发参与舆论活动，进行社会评价。社会公众具有发表意见或评价，进行社会参与的自主性。通过公开的意见交换和表达，公众意见具有相似或一致的倾向性。其二，舆论客体是舆论的对象，是公共事务，是在社会问题和社会现象等发展和变化过程中公众所关注和关心的外部世界的特征。在现代高度信息化的社会环境下，通过大众传播媒介的聚焦报道和评价，公众人物作为个体而存在的私人事务发展为公共事务的可能性大大增加。因此，遵循社会规范，承担社会责任，成为良好社会风尚的引领者、社会主义核心价值观的践行者，是公众人物应有之义。其三，舆论本体是指公开表达的意见、态度、情绪和信念。在李普曼看来，公众的意见，常是对作为虚拟图像的"舞台形象"的反应。公众对于模糊的世界的认识，不可避免地为刻板印象所影响。公众意见并不一定是理性的，有可能充满偏见，与事实真相存在差距。舆论本体借助传播符号和传播媒介，进行公开的表达，搭起了舆论主体和舆论客体的桥梁。意见表达的程度和力度有所区别。但需要注意的是，个体内心的想法或图像未经公开表达，不构成舆论。通过公开表达，意见对他人产生影响力，并在多数人的互动中形成相对具有倾向性的意见。

最后，舆论聚集公众的关注和表达，其运作和运行具有自身的规律。在互联网成为主流大众传媒媒介的媒介生态环境下，信息越来越庞杂纷繁，网络作为舆论场的主体地位愈发突出。由于网民表达自我、展示自我的个体动机，个体在网络上的表达更趋向于真实内心图像。舆论世界和现实世界是两个世界，前者是弱世界，后者是强世界。弱世界的运行逻辑是"弱传播"，舆论场中的弱势群体由于现实世界中的弱势，能够引发公众的情感，从而激发有利于弱势群体的舆论能量。

舆论的影响力与情感密切相关。舆论的情感律是指以情动人，情感传播更能激发公众共情。舆论战的意义不仅在于打击敌人，更重要的是分化和瓦解敌人，争取认同和共识。舆论场上，意见的强烈程度越高，越表现出强弱站队，不同意见展开争议的目的主要在于支持和反对，传播者要想在舆论战中占据优势地位，需要选择和牢牢占据舆论制高点。

新媒体舆论是新媒体用户就有兴趣的问题或共同关心的问题，借助新媒体传播媒介进行公开表达，具有社会影响力的、具有倾向性的态度或意见。新媒体舆论作为社会舆论的主要形态，在政治、经济、文化等领域都发挥着举足轻重的作用。新媒体所具有的开放、互动、个性、快捷等特性，使得新媒体舆论呈现出迥异于传统舆论的一些特征与问题。

2. 新媒体舆论的特点

1）自发性

在新媒体时代，由于手机、网络等传播媒介较易获得，传播环境较以往更为自由、开放，所以人们可以在媒体上发表个人意见，或者对于媒体上的舆论发表看法。这种自发性的发表意见的行为在新媒体时代越来越常见。由于新媒体传播具有高效、快捷等特性，所以人们的单一的个人意见，在某些时候会产生聚合、放大效应，进而在短时间内迅速演化成为公众议题、社会议题。

2）延展性

互联网技术为社会舆论的传播提供了无限延展的可能。新媒体具有强大的功能，能够实现跨时空的传播，在信息发布的空间上能够达到延展性，所以网民在某个空间发表的舆论，或许在短时间内就可以向更广阔的范围传播，覆盖到更广大的社会空间，某些局部的群体舆论会迅速上升为地区性舆论、全国性舆论乃全世界性舆论。

3）即时性

在报纸、杂志等传统媒介中，媒介的议程对社会舆论的引发往往需要一段较长的时间。但是在手机、网络等新媒体传播中，舆论的形成周期大大缩短。由于新媒体信息发布的即时性、更新的快速性以及信息的交互性，信息的关注速度、更新速度、交流反馈等方面都比传统的信息传播更为便捷。

4）多元性

由于新媒体自由、开放、交互等特性，使得社会公众拥有平等的意见表达的权利和渠道。当公众参与到这个开放、平等的言论平台时，不同的信息发布主体往往有着不同的身份地位和利益诉求，他们关注的焦点、议论的角度必然会有所不同，这时新媒体成为了"意见的自由市场"，新媒体舆论呈现出多元性的特性。

5）批判性

由于新媒体的交互性和开放性，信息的传受双方可以在这个平台上平等沟通、发表意见。但不同的主体有着不同的利益，矛盾和冲突也就会不可避免地发生。

6）互动性

新媒体的出现，改变了信息反馈不及时的局面，从而使传统的单向性传播向双向互动式传播改变。在信息的双向流动过程中，传受主体可以随时改变身份，使信息传播平等化。新媒体的这种交互性，使新媒体舆论也具有互动性。由于反馈的及时性，网民个体的信息传播会逐渐形成反应堆，造成强大的社会舆论。

7）匿名性

在传统媒体中，传播者表达意见的方式往往是公开透明的，这使他们不得不受到各方面的制约，有时无法表达自身的真正意愿。然而，新媒体环境下，信息传播是在一个虚拟的空间进行的，而且每个人的传播权都是平等的，用户在传播信息的过程中可以抛弃自己原有的身份，用匿名的形式进行意愿的表达。

8）碎片化

当大量信息经新媒体传递到面前时，无法同时消化所有信息的网民只能选择自己喜欢的信息进行译码与解码。按照网民对某些信息的关注度，新媒体舆论也不断被分化，从而出现了"碎片化"的趋势。当某一重大事件出现时，根据网民的关注度，各类新媒体都会对该事件进行充分报道，一段时间内，有关该事件的信息充斥于各类媒体，使得其他方面的信息被淡化。

3. 新媒体舆论的问题

1）舆论难控

舆论的难控性主要表现在对新媒体中信息流量、流向的控制，以及对网民情绪的调控。由于新媒体的匿名性、开放性等特征，有人会把新媒体作为发泄情绪的场所，形成一种情绪性舆论。新媒体上非理性、消极性信息的传播，使新媒体舆论逐渐走向"群体化"从而导致网络暴力。网民间恶言相向、毁谤中伤等"谩骂"和"拍砖"现象成为网络言论的常态。新媒体舆论对其意见表达的失控经常表现出一种"集体无意识"。

2）信息同质

由于碎片化阅读方式的产生，使得用户们只关注自己喜欢的领域而忽略了其他领域的信息，这就使新媒体会按照客户的需求进行信息推送，继而导致新媒体舆论同质化的产生。这种同质化使新媒体传递的信息过于单一，长此以往将导致网民对某些群体产生刻板印象从而产生首因效应。这里，刻板印象是指人们对某些人或事物的特定看法。这种特定的看法会形成固定认知从而产生特定的行为。由于信息传递的同质化，当人们遇到某些人或事的时候就会首先对其产生某些情绪或评价，这就是所谓的首因效应。首因效应的不断扩大就会造成网络暴力，甚至造成法律纠纷。

3）用语失范

在新媒体平台上，攻击和谩骂俨然成为了一种常见现象。论坛、博客等平台上，对信息传播的主角或者特定的当事人、单位进行指责辱骂的现象司空见惯。青少年群体往往好奇心重，对新鲜事物容易迅速接受并逐渐培养成习惯。而且这一群体在没有完全社会化之前，心智并未成熟，对于网络中的是非缺乏明确的判断能力，自身的价值观很容易受到影响。

4）信息失实

目前，新媒体把关机制仍不够完善，有些不法分子利用新媒体进行虚假信息的传播，造成了网络社区甚至现实社会的恐慌。虚假信息即谣言，有人类历史以来，就有了谣言。

经过时间的不断演变及沉淀，谣言已经等同于诽谤、欺诈之意。随着信息技术的不断发展，科技改变了整个社会的运行方式，人们之间的交流也出现了新的形式。原来建立在人际传播上的谣言，其传播形式也随着改变，出现了(手机)微博谣言等网络谣言，有的谣言还会很快蔓延。

5) 侵权频发

新媒体舆论中的侵权事件主要包括侵犯名誉权、人身权、隐私权、著作权、肖像权等。在网上未经同意公布当事人的姓名、电话、地址等个人信息，干扰了当事人的生活并侵犯了其隐私权。在网络上随便公布他人照片，甚至进行恶搞，侵犯了他人的肖像权。随意转载他人著作的更是随处可见。

16.3　新媒体传播的发展策略

当前，新媒体的价值及魅力正在不断彰显，如何发挥新媒体的长处来开展新媒体传播，已经成为一个国际性的研究课题。另外，新媒体新闻、舆论等传播领域还存在诸多问题，可以从以下方面进行优化并改进。

1. 加强新媒体的监管

随着社会的发展，新媒体传播已作为一种全新的传播形式得到了广泛的认可和推广。但是综上所述，新媒体传播还存在诸多不足，比如在传播内容上还需要把关，在舆论上还需要引导。另外，新媒体传播的最主要对象就是年轻人，但部分年轻人尤其是青少年群体心智还不是很成熟，需要我们对其加以科学而巧妙的引导。

除了内容上的把关、对象上的引导，还应重视传播主体的素质培养。作为新媒体机构的专业人员，新闻从业人员所具备的素质应该是全方位的。我们应该从源头上对其业务素质与能力进行综合的评估与考核。但是新媒体时代人人都是媒体人，所以提高社会成员的媒体素养、技术素养，也是当务之急。

另外，从传播环境上，我们应营造一个良好的政策环境，可以通过政策的引导、法律的约束进一步规范新媒体的传播。比如，政府相关部门根据当前我国新媒体的发展现状，通过立法的方式不断地完善相关法律法规，建立健全相关管理体系。

2. 保障新媒体的安全

据调查，有近85％的用户认可和选择用网络来进行新闻资讯的分享与传播。但是，也有近90％的人群认为最担忧的就是互联网操作及个人隐私的安全问题。

这种安全性的不足，在一定程度上会影响新媒体传播水平的提升。所以我们应该做好新媒体安全保障工作，对在新媒体传播中出现的影响社会秩序的行为予以严厉的打击。我们还应加强对新闻参与主体资质的审核与监管，并根据网络个体在新闻传播中的具体表现来对其进行合理的引导。另外，应该充分发挥法律在教育层面的价值和意义，使新媒体新闻得以安全传播。

3. 加大新媒体的扶持力度

当前，新媒体正处于快速发展中，我国的新媒体发展还存在着很大的提升空间。在新媒体的基本载体方面，应通过加大投资力度及政策扶持等方面，为大众参与网络平台提供更为扎实的条件和基础。在技术层面，也可以做出一定的探索。比如，可以借助最新的信息技术手段加强新媒体传播的交互性和人工智能性。

另外，要重视提高信息发布者的社会责任感，使其真正意识到不良的传播内容会严重危害社秩序和公众利益。新媒体传播是一个庞大的系统，每个人都应为社会的发展做出一份贡献，积极地服务社会，只有这样，社会的发展才会呈现出更加和谐向上的面貌。

本章习题

1. 什么是新媒体新闻？什么是新媒体舆论？
2. 新闻与舆论之间的联系和区别是什么？
3. 如何对新媒体舆论进行管理和引导？

新媒体法规和版权保护

17.1　新媒体立法的意义

互联网是推动一个国家经济、社会发展的重要力量。新媒体对于社会、国家和市场的重要性无需置疑，新媒体的政治、经济和市场价值促使政府机构加强了对于新媒体的监管和规制。无论是发达国家还是发展中国家，不管立法的精神和出发点有什么不同，都设立了新媒体内容审查和监管的相关法规或机构，以促进互联网行业的持续稳健发展。

我国网民规模历经多年增长，增幅趋于稳定，数字产业与其他产业高度融合，引领国家消费模式创新，智慧政务、共享出行、移动支付等互联网应用迅速风靡，给民众的日常生活带来了便利，增进了社会福祉，也提高了国家的竞争优势。

与我国互联网行业的高速成长相伴随的，是政府行业监管体系的逐渐建立。新媒体各类应用风靡的同时，网络不良信息的监管，各类涉及公民和机构权利网络著作权、隐私权、商标权等的保护等受到重视，互联网相关行业的监管体系也逐步完善。

网络平台提供信息和休闲，满足大众的信息需求和精神需求，丰富人民群众的文化娱乐活动，仍然属于内容平台，在扩大和引导文化消费等方面发挥了积极作用。网络经营单位应遵守宪法和有关法律法规，坚持为人民服务、为社会主义服务的方向，坚持社会主义先进文化的前进方向，自觉弘扬社会主义核心价值观。新媒体的传播形式推陈出新，从博客到微博，从网络聊天室到微信，从 App 视频应用到网络视频知名网站的建立，网络直播、网络剧、网络综艺、手机网游等新的传播形态层出不穷。我国新媒体法规、立法也表现出与时俱进的特点，与新媒体技术和形态的发展保持一致。例如，近年网络直播平台在走红的同时伴随着不良内容增多的倾向，为此，2016 年 12 月，文化部迅速反应，依据《互联网信息服务管理办法》《互联网文化管理暂行规定》等有关法律法规，发布了《网络表演经营活动管理办法》。我国政府通过对新媒体的立法，对网络传播的信息内容提出规范化管理要求，要求互联网站、应用程序、即时通信工具、微博、直播等提供内容健康、有益于弘扬社会主义核心价值观的、高品质的信息内容。加强对网络表演经营活动的管理，引导网络文化经营企业依据法律法规开展经营活动，对促进我国网络文化的繁荣具有积极的意义。

17.2　新媒体传播失范

1. 新媒体传播的娱乐化与庸俗化

传播技术革命推动新媒体传播形态和传播格局不断改变，也给新媒体的管理带来了巨大挑战。网络信息传播质量良莠不齐，虚假信息泛滥，对公民的媒介素养提出了更高的要求。新媒体的虚拟空间特点和用户的匿名特征，给网络传谣提供了基础。网络暴力，如网络人肉搜索，也涉及对公民个人隐私权的侵犯。

网络游戏是我国重要的娱乐产业之一，网络游戏营收是互联网公司的利润来源之一。网络游戏的市场空间巨大，而对网络游戏的过度依赖导致的网络游戏成瘾以及网络游戏的暴力内容带来的玩家对于网络游戏暴力行为和手段的模仿无疑是负面的。在网易、腾讯等知名互联网企业进行本土网络游戏开发，加大研发力度的同时，网络游戏经营单位运营责任不清晰、诱导消费、用户权益保护不力等问题频发。网络游戏版权保护和侵权诉讼也日益受到公众关注。

2. 新媒体侵犯版权行为频发

相对于传统媒体，由于批量复制的便利和网络资源的海量，新媒体借助超链接和数字设备，更容易发生侵犯著作人权益的现象。作品著作权所有人维权成本高，而侵权成本低，在这样的前提下，作者、表演者、创作者信息网络传播权被侵权的现象屡禁不止。

互联网公司的运营模式强调流量和用户规模，其产品运营的起步阶段，为增强用户黏性，扩大市场规模，通常不计成本，跑马圈地，为用户提供无偿服务。互联网的早期产品，如邮箱、聊天软件的免费提供，也培养了互联网用户无偿使用信息和服务的习惯，客观上不利于原创作品的版权保护。另一方面，对版权的保护首先是对著作者、创作者的作者身份权的保护。在移动互联环境下，用户与受众概念融合，信息传播的发起方即传播者与信息的接收方，即受众的界线模糊。网络信息内容，如视频内容这样的形式不仅包括专业视频网站生产的内容，还包括用户生产的内容。而用户自生成的内容，由个体用户自发上传，这就使得信息的消费者同时也是信息的创作者和使用者以及传播者，后期多个用户对用户自生产内容的网络传播使得信息网络传播权利的保障更加复杂，界定著作权人的身份并不容易。

17.3　新媒体版权保护

1. 版权保护的相关规定

对于信息的流通和表达的自由，1948 年《世界人权宣言》中提出，"人人有权享有主张和发表意见的自由；此项权利包括通过任何媒介和不论国界寻求、接受和传递消息和思想的自由"。我国宪法规定公民有言论、出版、集会、结社、游行、示威的自由。与著作权相关的国际条约，如欧洲国家的《伯尔尼保护文学和艺术作品公约》(简称《伯尔尼公约》)，已经历经多次修正。我国加入了这一公约。

我国于 1991 年实施《著作权法》，之后为加强对知识产权的保护，于 2001 年进行了修正。2001 年修订的《著作权法》规定了信息网络传播权。2010 年和 2020 年又相继对其进行了修正。《著作权法》遵循《伯尔尼公约》的版权自动保护准则，实施版权自愿登记制度。《著作权法》是关于版权保护的法律，对于计算机软件保护和网络信息权的保护办法，国务院另行做出了规定。

1991 年我国出台《著作权法实施条例》，这一条例于 2002 年和 2013 年分别进行了修订。2005 年，国家版权局、信息产业部出台《互联网著作权行政保护办法》。2006 年出台《信息网络传播权保护条例》，2013 年进行修订。为实施国际著作权条约，国家版权局为保护外国作品著作权人的合法权益，于 1992 年出台了《实施国际著作权条约的规定》，为规范著作权集体管理活动，2005 年国务院施行了《著作权集体管理条例》。

《中华人民共和国著作权法》规定，著作权即为版权，其中，第九条规定界定了著作权人和著作权范围。著作权人包括作者，其他按照本法享有著作权的自然人、法人或者非法人组织。著作权的范围包括人身权和财产权，具体包括发表权、署名权、修改权、保护作品完整权、复制权、发行权、出租权、展览权、表演权、放映权、广播权、信息网络传播权、摄制权、改编权、翻译权、汇编权 16 项权利及应当由著作权人享有的其他权利。该法第四十四条规定了著作权的保护期限，即录音录像制作者对其制作的录音录像制品，享有许可他人复制、发行、出租、通过信息网络向公众传播并获得报酬的权利；权利的保护期为五十年。

国务院出台的《信息网络传播权保护条例》第六条规定了通过信息网络提供他人作品，可不经著作权人许可，不必向其支付报酬的若干情形，如"为学校课堂教学或者科学研究，向少数教学、科研人员提供少量已经发表的作品""向公众提供在信息网络上已经发表的关于政治、经济问题的时事性文章"等具体情况，多数情形是出于公共利益保护的考量。该条例第十四条规定：对提供信息存储空间或者提供搜索、链接服务的网络服务提供者，权利人认为其服务所涉及的作品、表演、录音录像制品，侵犯自己的信息网络传播权或者被删除、改变了自己的权利管理电子信息的，可以向该网络服务提供者提交书面通知，要求网络服务提供者删除该作品、表演、录音录像制品，或者断开与该作品、表演、录音录像制品的链接。

该条例第十五条规定：网络服务提供者接到权利人的通知书后，应当立即删除涉嫌侵权的作品、表演、录音录像制品，或者断开与涉嫌侵权的作品、表演、录音录像制品的链接，并同时将通知书转送提供作品、表演、录音录像制品的服务对象；服务对象网络地址不明、无法转送的，应当将通知书的内容同时在信息网络上公告。

其第二十二条为网络服务提供商免责提供了法律解释的基础，条文为：网络服务提供者为服务对象提供信息存储空间，供服务对象通过信息网络向公众提供作品、表演、录音录像制品，并具备下列条件的，不承担赔偿责任：（一）明确标示该信息存储空间是为服务对象所提供，并公开网络服务提供者的名称、联系人、网络地址；（二）未改变服务对象所提供的作品、表演、录音录像制品；（三）不知道也没有合理的理由应当知道服务对象提供的作品、表演、录音录像制品侵权；（四）未从服务对象提供作品、表演、录音录像制品中直接获得经济利益；（五）在接到权利人的通知书后，根据本条例规定删除权利人认为侵权的作品、表演、录音录像制品。

按照《著作权法》对于信息网络传播权的界定，该项权利是以有线或者无线方式向公众提供作品，使公众可以在其个人选定的时间和地点获得作品的权利。随着与信息技术和互联网信息网络传播相关的版权纠纷案数量增加，网络知识产权纠纷的司法实践越来越受到法学界和互联网业界的普遍关注。

2. 新媒体版权的侵权特点

新媒体版权侵权存在无形性特点。在新媒体版权侵权的过程中，因为信息数据是通过网络形式进行传播，借助网络媒介进行储存与扩散，不再依靠文本及语言的形式进行传递。网络的传播具有实时性与可修改性，很多侵权问题被举报后，侵权人会进行修改，导致侵权问题更加隐蔽于无形，对版权所有人的利益带来损害。其次，新媒体的版权侵权存在不受地域限制的特点。新媒体技术要依靠网络，网络具备全球性的特点，因此新媒体的侵权更容易突破时间和空间的客观限制。很多国家的版权治理法律只针对国内，很少有公司会有专业律师团队来研究侵权问题，因此侵权人可以利用"翻墙""上墙"等手段窃取国外作品的版权，导致侵权行为更加广泛。

3. 用户缺乏版权意识

新媒体时代，侵权问题严重。一是侵权人数众多，在法不责众观念的影响下，很难对众多的侵权事件做进一步处理。在网络环境下，原创作品受到侵犯，游戏、音乐、图画及影视作品等被侵犯的可能性更高，很多人对版权问题不关注，觉得侵权行为很常见，甚至产生"能抄袭你，是看得上你"的错误想法，使侵权问题越来越严重。二是侵权内容上传到不同的网站，借助不同的传播技术进行传播，民众很容易从网络获取各种信息，从而导致版权保护意识的淡化。

3. 新媒体版权的侵权案例

在云计算和大数据时代，由于传播内容存储在云端，版权保护面临新的困境。新媒体背景下，文字内容、录影录像制品、表演作品等均以数字化的方式出版和发行，且网络出版和网络发行已没有什么分别，可控性大大减弱。随着网络技术的进步，网络综艺、电视综艺、电视选秀节目的版权纠纷，热门文学作品和影视作品等信息网络传播权纠纷不断，有逐年上升的趋势。例如，2017年北京的首起网络电影著作权侵权案件，著作权人起诉相关影业制作公司和网络视频公司侵犯作者的网络电影的改编权、摄制权及信息网络传播权。在新媒体崛起之前，综艺节目、电视剧多是由电视台制作，而当下网络剧、网络综艺、网络电影等新现象蜂拥而至，给司法实践和法院判决能力带来考验。例如，2017年杭州互联网法院判定浙江广播电视集团起诉咪咕视讯科技有限公司侵犯其产品《奔跑吧兄弟（第三季）》著作权案，判决浙江广播电视集团胜诉，咪咕视讯侵害了涉案作品信息网络传播权。

以内容搜索和聚合为服务内容的互联网商业平台也处于版权纠纷的风口浪尖。不仅综合内容搜索引擎面临版权保护的问题，专业新闻内容搜索也面临同样的问题。例如，中国音乐著作权协会、唱片公司等共同起诉搜索引擎百度MP3为音乐用户提供无偿使用的下载链接，就是版权人与发布平台的版权纠纷。再如2012年，北京海淀区人民法院审理的作家联盟起诉百度文库侵权案，虽然作家联盟胜诉，但赔偿金额远小于诉讼请求。又如，2014年，中国青年出版社中青文传媒公司起诉百度文库侵权案，该案审理中，百度提出遵循著作权侵权案的"避风港"原则，但法院审理认为涉案作品属于热门作品，网络服务提供商应掌握相关下载信息数据，判决百度文库对于涉案作品的使用和传播没有尽到合理的注意义务，没有建立起足够有效的著作权保护机制。再如，2017年国家图书馆出版社就百度网盘用户在百度网盘上储存《民国期刊资料分类汇编·四库全书研究》起诉百度侵权网络传播权案，该案百度胜诉，适用了版权保护的"避风港"原则，网络服务提供商不承担侵权赔偿责任。

我国《信息网络传播权保护条例》对避风港原则做出了相关规定，版权相关权利人如果认为网络服务提供商侵权，可以要求对方删除信息链接和信息内容。如果收到著作权或版权方的权利书面通知书，网络服务提供商应采取移除行为，删除链接，尽合理注意责任。这一条例确立了版权权利人通知，网络服务提供商移除的侵权纠纷处理模式。对于内容入口或内容平台与版权方的纠纷，网络服务提供商常以"避风港"原则辩驳，而是否侵权的界定需要考量实际的经营运作，即使定性为侵权，网络侵犯版权的违法收益和版权方的利益损失不容易举证定量，也增加了司法成本。

4. 加强新媒体版权保护的对策

首先，强化网络监管力度及执法力度。现阶段，要完善我国版权管理制度，加强对网络新媒体侵权等非法行为的管控，建立符合新媒体发展的良好环境。相关法律机构要做到审时度势，维护好网络新媒体发展与加强版权之间的平衡。我国版权管理制度正在逐步建立，还需要进一步强化与完善，要将原本松散的版权保护集中到一起，用集体维权的方式代替版权所有人个体维权。所以，要完善我国相关法律法规，使版权管理有法可依、有据可查，树立出版权集体意识。

其次，强化版权保护意识，共同打击侵权行为。缺乏版权意识，放任侵权行为，是新媒体版权问题滋生的重要原因。从著作人、版权运营者或平台的角度来讲，要提高对作品版权的敏感度，加强版权保护意识，在内部形成行之有效的作品监管，形成完善的版权保护链条。政府层面要通过加大新媒体版权保护法律法规的普及宣传，引导社会群众形成版权保护意识，共同打击版权作品被随意复制传播的侵权乱象

最后，新兴传播技术和层出不穷的传播形式给版权保护带来空前的挑战，信息产品和娱乐产品飞速增长的同时也给版权保护带来更多挑战。版权虽然是法律问题，但从根本上说是商业问题和利益问题，版权保护应以增进社会福祉，促进公共利益和著作权人利益为主要诉求。

本 章 习 题

1. 简述新媒体传播失范的表现。
2. 什么是信息网络传播权？
3. 什么是"避风港"原则？

参 考 文 献

［1］　中国移动视频直播市场研究报告 2016 年［C］//. 艾瑞咨询系列研究报告，2016：498-560.

［2］　补贴成内容平台"标配"腾讯加码 12 亿元扶持内容生产者［EB/OL］. http：//tech. sina. com. cn/i/2017-03-02/doc-ifyazwha3494143. shtml

［3］　毕秋敏，曾志勇，李明. 移动阅读新模式：基于兴趣与社交的社会化阅读［J］. 出版发行研究，2013(04)：49-52.

［4］　崔保国. 传媒蓝皮书：中国传媒产业发展报告（2016）［M］. 北京：社会科学文献出版社，2016.

［5］　陈刚. 新媒体与广告［M］. 北京：中国轻工业出版社，2002.

［6］　陈力丹. 传播学纲要［M］. 北京：中国人民大学出版社，2007.

［7］　陈丽娟. 论新兴媒体的特点及发展趋势［J］. 安阳工学院学报，2013，12(05)：32-34.

［8］　陈明亮，邱婷婷，谢莹. 微博主影响力评价指标体系的科学构建［J］. 浙江大学学报（人文社会科学版），2014，44(02)：53-63.

［9］　畅榕，丁俊杰. 数字时代新闻传播的特征［J］. 当代传播，2005(06)：61-62.

［10］　董潇潇. 2016 年网络视频特点回顾［J］. 现代视听，2017(01)：30-33.

［11］　丁柏铨. 新形势下提高舆论引导能力研究论纲［J］. 当代传播，2009(03)：4-8.

［12］　杜骏飞，魏娟. 网络集群的政治社会学：本质、类型与效用［J］. 东南大学学报（哲学社会科学版），2010，12(01)：43-50.

［13］　杜建华. 移动阅读发展趋势及当下对策［J］. 中国出版，2013(22)：48-51.

［14］　第 47 次《中国互联网络发展状况统计报告》［EB/OL］. http：//www. cnnic. net. cn/hlwfzyj/hlwxzbg/hlwtjbg/201708/t2017080369444. htm

［15］　方洁. 数据新闻概论［M］. 北京：中国人民大学出版社，2019.

［16］　复盘 2017 年游戏行业：移动电竞与类型化势头正猛，IP 改编或迎二轮热潮. http：//tech. sina. com. cn/roll/2017-12-31/doc-ifyqcsft8590049. shtml

［17］　郭庆光. 传播学教程［M］. 北京：中国人民大学出版社，2011.

［18］　宫承波. 新媒体概论［M］. 北京：中国广播电视出版社，2019.

［19］　国家广电总局：电视剧综艺禁止传播"未删减版". http：//ent. sina. com. cn/tv/zy/2017-06-03/doc-ifyfuzmy1469552. shtml

［20］　国图出版社诉百度侵权案一审败诉. http：//www. iprchn. com/IndexNewsContent. aspx?NewsId=103835

［21］　国内首例出版社状告百度文库侵权案一审宣判［EB/OL］. 中国青年报：2014-03-10(05).

［22］　郝振省. 2012-2013 中国数字出版产业年度报告［M］. 北京：中国书籍出版社，2013.

［23］　籍元. 新媒体舆论的问题与引导策略研究［D］. 渤海大学，2016.

[24] 金莹,李阳.报纸官方微博存在的问题及改进方法:以《华商晨报》为例[J].传媒2014(09):33-35.

[25] 匡文波.新媒体概论[M].北京:中国人民大学出版社,2015.

[26] 柯实.今日头条:一个估值5亿美元的APP[J]创业家.2014(6):46-50.

[27] 乐国安.网络集群行为过程解析[J]人民论坛2010(9):34-37.

[28] 刘坤 方莉 杨舒为.全球创新发展提供新动能:第四届世界互联网大会探寻数字经济发展路径[EB/OL].http://news.sina.com.cn/gov/2017-12-06/doc-ifyphxwa8073914.shtml

[29] 刘沐.新媒体广告形态与发展[J].科技资讯,2010(19):241-242+244.

[30] 刘伟.新媒体广告形态研究[J].今传媒,2013,21(02):103-104.

[31] 刘强.传播学受众理论论略[J].西北师大学报(社会科学版),1997(06):97-101.

[32] 刘颖悟,汪丽.媒介融合的概念界定与内涵解析[J].传媒,2012(01):73-75.

[33] 刘亚娜,胡悦,郭虹.论网络游戏对青少年犯罪的影响[J].东北师大学报(哲学社会科学版),2014(01):29-35.

[34] 刘艳婧.新媒体舆论特点解析[J].青年记者,2011(05):24-25.

[35] 刘冬梅.微博议程设置特点及应对策略[J].编辑学刊,2014(02):100-104.

[36] 刘英华.数字媒体传播实务[M].北京:人民邮电出版社,2015.

[37] 两年的进击与潜行,腾讯影业能否靠IP和调整破局?[EB/OL].http://tech.sina.com.cn/roll/2017-10-15/doc-ifymviyp1123376.shtml

[38] 栾轶玫.融媒体传播[M].北京:中国金融出版社,2014.

[39] 梁峰.交互广告学[M].北京:清华大学出版社,2008.

[40] 林升梁,张晓晨.个人微博粉丝数影响因素的实证研究[J].新闻与传播研究,2014(21):68-78+127.

[41] 麦克卢汉.理解媒介[M].何道宽,译.北京:商务印书馆,2000.

[42] 茆意宏.论手机移动阅读[J].大学图书馆学报,2010,28(06):5-11.

[43] 彭诗睿.新媒体视野下隐私权的法律保护[D].华中科技大学,2009.

[44] 跑男著作权纠纷案一审确认侵权 判赔496万[EB/OL].http://www.iprchn.com/IndexNewsContent.aspx?NewsId=104814

[45] 邱文中.互联网广告类型及其广告媒体特性研究[J].新闻界,2007(06):157-158.

[46] 宋安琪.新媒体广告传播研究[D].哈尔滨师范大学,2016.

[47] 苏帆帆.移动阅读业务持续使用行为影响因素研究[D].北京邮电大学,2011.

[48] 王云凤.浅谈新媒体时代下新闻传播的特点[J].新闻研究导刊,2015,6(19):128-129.

[49] 王静超,储靖农."今日头条"的创新对传统媒体的启示[J].青年记者,2014(24):96-97.

[50] 王倩.没有流程再造,全媒体为"零":杭州日报创建全媒体新闻中心的实践与思考[J].新闻战线,2014(04):64-67.

[51] 王艳.民意表达与公共参与:微博意见领袖研究[D].中国社会科学院研究生院,2014.

[52] 王君泽,王雅蕾,禹航,等.微博客意见领袖识别模型研究[J].新闻与传播研究,2011,18(06):81-88+111.

[53]　王松. 手机传播态势及其治理与引导[J]. 云南社会科学，2011(05)：118 - 120.

[54]　王松. 互联网时代媒介生态创新研究[M]. 上海：上海交通大学出版社，2017.

[55]　王松. 信息传播大变局2：新媒体与数字娱乐传播[M]. 上海：上海交通大学出版
　　　社，2015.

[56]　王松. 信息传播大变局：新媒体传播管理与数字技术[M]. 上海：上海交通大学出版
　　　社，2013.

[57]　王松. 集群创新网络研究：不确定信息化环境下网络合作度与开放度视角[M]. 上
　　　海：上海交通大学出版社，2014.

[58]　王松，季振国. 加强移动新媒体管理与引导，打造绿色安全的移动互联网 浙江省政
　　　协提案 浙江省政府咨询报告 2013.

[59]　王卉，张文飞，胡娟. 从今日头条的突破性创新看移动互联网时代内容产业的发展
　　　趋势[J]. 科技与出版，2016(06)：92 - 95.

[60]　王晓春. 美国网络出版成功案例的启发与借鉴[J]. 新闻传播，2016(05)：97 - 98.

[61]　吴伟光. 版权制度与新媒体技术之间的裂痕与弥补[J]. 现代法学，2011，33(03)：55 - 72.

[62]　吴玉如，舒畅. 数字化新媒体研究回眸[J]. 科教文汇(下旬刊)，2009(01)：275 - 276.

[63]　向安玲，沈阳，罗茜. 媒体两微一端融合策略研究：基于国内110家主流媒体的调查
　　　分析[J]. 现代传播(中国传媒大学学报)，2016，38(04)：64 - 69.

[64]　徐琦，胡喆. "澎湃新闻"PK"今日头条"：解码移动互联网背景下新闻媒体融合之道
　　　[J]. 新闻研究导刊，2014，5(12)：13 - 15＋146.

[65]　叶虎. 大众文化与媒介传播[M]. 上海：学林出版社，2008.

[66]　尹衍腾，李学明，蔡孟松. 基于用户关系与属性的微博意见领袖挖掘方法[J]. 计算
　　　机工程，2013，39(04)：184 - 189.

[67]　优酷：进击中的"少年"[EB/OL]. http：//sh. qihoo. com/pc/2s21pgrgaqs? sign＝360e39369d1

[68]　阅文集团IPO：网络文学第一股为什么值一千亿？[EB/OL]. http：//finance. sina.
　　　com. cn/stock/hkstock/ggscyd/2017 - 11 - 09/doc-ifynsait6507757. shtml

[69]　约翰·帕夫利克. 新媒体技术：文化和商业前景[M]. 北京：清华大学出版社，2005.

[70]　张国良. 传播学原理[M]. 上海：复旦大学出版社，2009.

[71]　张一鸣. 机器人与客户端的个性化追求[J]. 中国记者，2015(04)：64 - 66.

[72]　周越辉，刘佳玉. 新媒体新闻传播特点的分析[J]. 科技与企业，2013(04)：225 - 230.

[73]　赵龙文，公荣涛，陈明艳，姚海波. 基于意见领袖参与行为的微博话题热度预测研究
　　　[J]. 情报杂志，2013，32(12)：42 - 46＋11.

[74]　张贺 "IP热" 为何如此流行[EB/OL]. http：//www. cssn. cn/dybg/dybawh/
　　　201505/t2015052119621603. shtml

[75]　中华全国新闻工作者协会发布《中国新闻事业发展报告》[EB/OL]. http：//news.
　　　sina. com. cn/w/2014 - 12 - 29/185431340955. shtml

[76]　张天然. 试论新媒体新闻的传播特点[J]. 新闻传播，2014(18)：12.

[77]　"中央厨房"有什么不一样[EB/OL]. 人民日报：2017 - 02 - 23. http：// news.
　　　xinhuanet. com/newmedia/2017 - 02/23/c136078802. htm

[78]　宫承波，翁立伟. 新媒体产业论[M]. 北京：中国广播电视出版社，2012.

[79] 刘殿雄. 浅析新媒体产业最新发展特点与发展方向[J]. 中国证券期货，2013(08)：132 - 133.

[80] 官建文. 新媒体需要新"把关人"[J]. 对外大传播，2007(01)：32 - 34.

[81] 克劳斯·布鲁恩·延森. 媒介融合：网络传播、大众传播和人际传播的三重维度[M]. 刘君，译. 上海：复旦大学出版社，2020.

[82] 喻国明. 传媒经济学教程[M]. 2 版. 北京：中国人民大学出版社，2019.

[83] 王菲. 媒介大融合：数字新媒体时代下的媒介融合论[M]. 广东：南方日报出版社，2007.

[84] 王洁. 短视频的流行及监管[J]. 中国广播电视学刊，2018(12)：21 - 23.

[85] 《抖音有毒，模仿需谨慎》[EB/OL]. http：//news. sina. com. cn/o/2018 - 03 - 21/doc-ifysncva4291547. shtml

[86] 别君华. 参与式文化：文本游牧与意义盗猎：以 bilibili 弹幕视频网为例[J]. 青年记者，2016(23)：43 - 44.

[87] 峻冰，李欣. 网络游戏、手机游戏的文化反思与道德审视[J]. 天府新论，2018(03)：152 - 159.

[88] 刘柏，刘畅. 亚文化对视频网站商业模式的影响：以哔哩哔哩为例[J]. 新闻与传播评论，2018，71(06)：82 - 92.

[89] L Manovich. The Language of New Media [M]. Boston：MIT Press，2001.

[90] 舒咏平，鲍立泉. 新媒体广告[M]. 北京：高等教育出版社，2016.

[91] 黄河，江凡，王芳菲. 新媒体广告[M]. 北京：中国人民大学出版社，2019.

[92] CNNIC《第 48 次中国互联网络发展状况统计报告》[EB/OL]. http：//www. cnnic. net. cn/hlwfzyj/hlwxzbg/hlwtjbg/202109/t20210915_71543. htm

[93] CNNIC《第 47 次中国互联网络发展状况统计报告》[EB/OL]. http：//cnnic. cn/gy-wm/xwzx/rdxw/20172017_7084/202102/t20210203_71364. htm

[94] 汝绪华. 算法政治：风险、发生逻辑与治理[J]. 厦门大学学报（哲学社会科学版），2018(06)：27 - 38.

[95] 刘笑盈. 5G 时代的新闻发布与网络传播：变化与挑战[J]. 新闻与写作，2019(11)：37 - 42.

[96] 詹姆斯·凯瑞. 作为文化的传播[M]. 丁未，译. 北京：华夏出版社，2005.

[97] 兰德尔·柯林斯. 互动仪式链[M]. 林聚任，等译. 北京：商务印书馆，2009.

[98] 杨萍. 互动仪式链视角下网络社交中的自我呈现与身份认同：从网易云音乐年度听歌报告说起[J]. 新媒体研究，2018，4(05)：29 - 31.

[99] 田野. 互联网思维与用户需求驱动力：以网易云音乐的产品、运营模式为例[J]. 青年记者，2017(14)：82 - 83.

[100] 苏涛，彭兰. 反思与展望：赛博格时代的传播图景：2018 年新媒体研究综述[J]. 国际新闻界，2019，41(01)：41 - 57.

[101] 麦奎尔. 麦奎尔大众传播理论[M]. 徐佳，董璐，译. 北京：清华大学出版社，2019.

[102] 斯坦利·巴兰，丹尼斯·戴维斯. 众传播理论：基础、争鸣与未来[M]. 曹书乐，译. 北京：清华大学出版社，2014.

［103］ 克里斯蒂安·福克斯，汪金汉，潘璟玲.受众商品、数字劳动之争、马克思主义政治经济学与批判理论［J］.国外社会科学前沿：2021(04)：17 - 31.

［104］ 张学东.从《新京报》实践看现象级数据新闻报道如何生产？［EB/OL］.http：//paper.news.cn/2018 - 07/30/c_129922867.htm

［105］ 邹振东.弱传播［M］.北京：国家行政学院出版社，2018.

［106］ 陈力丹.舆论学［M］.上海：上海交通大学出版社，2019.